另眼人文系列

笑阳 著

偷窥心理学家的书桌

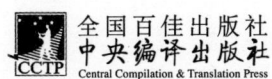

自 序

自从人类诞生在这个星球上,探索未知的一切就成了人类必修的功课。而这种探索自然而然地分成了两个方向,一是指向人以外的一切自然万物的自然科学,一是指向人内心的人文社会科学。在人类几千年文明发展史上,这两种探索并行不悖,甚至对人类内心的探索还要更引人注目一些,无数的宗教人士、哲学家、伦理学家成为一时一世的英雄。

但是18世纪工业革命之后,自然科学技术突飞猛进,成为世界的主宰,普通人的内心也就被悄然地遗忘了。是的,我们知道透过天文望远镜可以洞悉亿万光年以外的太空奇观,我们知道钻进潜水球可以拜访深不可测的海沟居民,我们知道正负电子对撞机可以把原子核轰得四分五裂,我们知道通过在基因上做手脚就可以像上帝般创造生命。我们的科学可以无所畏惧地驰骋在宇宙的边缘、原子的狭缝间,从亿万年前的洪水到人类灭绝后的生物无不了然于胸。唯有一样却始终难以触及,那就是探索这宇宙万物的人。

我们不知道自己来自哪里,去向何方;我们不知道自己为何而生,凭何而死;我们不知道自己除了有血有肉,与飞禽走兽还有什么区别;我们不知道将会对彼此做出些什么,也不知道为什么这样做;我们不知道情感和思想究竟能够走多远。自然科学无法解释我们对自己的疑问,能帮助我们的只有人文社会科学。

我们需要哲学、历史、文学、法学、社会学、经济学、心理学等研究"人"——这个地球上最伟大、最复杂,也是最难以理解的生物——的学问。

也许你会不以为然,因为早已有成百上千的人文社会学科的学者孜孜不倦地在各自的领域耕耘,学术成果百花齐放,汗牛充栋。但遗憾的是,我们的学者们使用的似乎是一种普罗大众无法听懂的论文式语言。长久以来,学术界以各种各样讳莫如深的学术术语和写作规范筑起了一道难以逾越的隔离墙,将好奇的大众挡在外面。

学者们这样做也许有他们的理由,因为这种规范和术语有助于他们彼此交流和促进。渐渐地,他们也忘记了如何用大众语言讲故事,尽管他们的研究有很多非常有趣的心得,却根本无法讲给父老乡亲们听。而群众们则伤透了心,既然你不能告诉我你研究了些什么,那我只能认为你什么也没做,白白浪费时间和金钱。于是,我们的社会就发生了断裂,一边是学者们自说自话,一边是普罗大众嗤之以鼻。

近几年来兴起的"草根史学"尤其令人不安。不少非历史学专业人士对历史学研究非常傲慢,有些人以为用嬉笑怒骂的文学语言讲述历史故事就是历史学,钻研深入一些的人以为通读了二十五史和几本古人笔记就能还原历史真面貌。于是在公众面前,殿堂里的历史学和历史学家都被"草根史学"所颠覆,甚至是骂倒。

不可否认,"草根史学"在向大众普及历史知识方面作出了很大贡献,甚至对于目前社会文化水平的提高都有很大作用。然而,"草根史学"的先天不足在于,它只能告诉读者们历史是怎样发生的,却说不出历史为什么是这样发生的。而后者才是真正的历史学研究要做的。

笔者自揣能够读懂专家学者们的学术语言,碰巧又比较喜欢为普罗大众讲故事,愿做一名论文语言和大众语言之间的翻译,架设一座学术界和普罗大众之间的桥梁。笔者希望告诉普通读者,学术界其实有很多很有趣的成果,大学课堂上教授们也讲过很多奇妙的故事,同时也希望能够提醒学术界,学术成果也可以写得很华丽,很好看,很有可读性,让普通读者喜欢。愿笔者的努力能够改变公众对学术界的不良印象。

本书由一系列短篇科普文章组成,绝不就事论事,或者仅仅描述奇谈怪事,通常的谋篇布局是提出一个读者熟悉却又常常忽视的问题，引起思考，然后讲述一段历史或者社会现象，最后用历史学、哲学、社会学、经济学、人类学、心理学原理解答为什么。

每一篇文章基本上都会提出一个令读者感到震撼或者颠覆性的观点。其实这些观点很可能在学术界内已经不算新鲜，但是对普通读者来说仍然具有强烈的新鲜感。大多数文章的观点、说法都来自于某一位或者某一群专家学者多年严肃治学的成果，绝非轻言戏说。

出于对学术规范的敬畏，笔者在此郑重声明：本书文章并非学术论文，而是向中等教育程度以上的读者介绍人文社会学科研究成果的科普作品，为保证可读性，有些地方或许不够严谨，希望诸君勿以论文规范苛求。本书所论均非本人研究成果，本人所做工作仅限文字传达，为免著作权纠纷，已尽可能地在文中对论点引自何人加以说明，若仍有遗漏、不妥和冒犯之处，本人在此致以歉意。

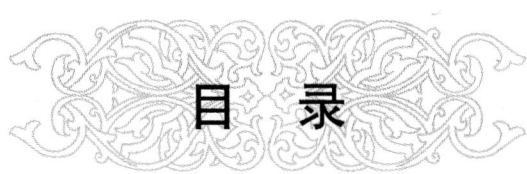

目 录

◆ 第一章 看不见的陷阱 ◆

小心，你被人控制了！	3
被唤醒的雕像	7
罚款能让妈妈不迟到吗？	10
在"孤岛"中走向死亡	13
用沉默迎接解放的集中营	17
你会服从邪恶的命令吗？	21
自己设障碍的运动员	24
人为什么会执迷不悟？	28
就这样被你说服！	33
问得敌人哑口无言	37
我不跟你谈	40
爱上一个绑架犯	42
被冤枉的刽子手	46
失去比得到更让人心动	49
智囊团犯了大错误	50
跟精神病院开个玩笑	54
自卑的皇帝杀人如麻	57

小心，到处都是阴谋！ …………………………………… 61
"爱国"爱到变成"贼" ……………………………………… 65
加入黑社会不是件容易的事 ……………………………… 68
为什么总是鹰派占上风？ ………………………………… 72
让未来的朋友先帮个忙 …………………………………… 75
心理学家被当成强奸犯 …………………………………… 79
刘翔为什么挨骂？ ………………………………………… 83
沉默的螺旋 ………………………………………………… 86

◆ 第二章 人心的深处 ◆

浸在玻璃缸里的大脑 ……………………………………… 93
幻想的深渊 ………………………………………………… 97
请离我远一点！ …………………………………………… 101
迷信的鸽子 ………………………………………………… 105
电影与木乃伊 ……………………………………………… 107
天才的隐私：梅毒 ………………………………………… 108
天生反叛的"弟弟们" ……………………………………… 113
兰陵王的狰狞"面具" ……………………………………… 117
荒岛上的残酷游戏 ………………………………………… 122
偷窥：人人乐此不疲 ……………………………………… 127
隐藏在你内心的自相杀戮 ………………………………… 130
变态的老鼠 ………………………………………………… 134
失去控制感的噩梦 ………………………………………… 137
死亡就在你的脑海里 ……………………………………… 140
你喜欢福娃吗？ …………………………………………… 144
当上领袖才英雄？ ………………………………………… 146
你可以这样保护自己 ……………………………………… 149
没有杀戮的战斗 …………………………………………… 154
追逐痛苦的英雄 …………………………………………… 158

流言点燃的革命风暴 …………………………… 162
不知不觉攥紧你的心 …………………………… 167

◆ 第三章　非常人生 ◆

要像狗那样活着 ………………………………… 175
无动于衷地否定一切 …………………………… 178
爱享福的哲学家 ………………………………… 181
寻找自由的国王 ………………………………… 184
骆驼、狮子和婴儿 ……………………………… 187
不愿下船的钢琴师 ……………………………… 191
我"选择"，我"存在"？ ……………………… 195
他人就是地狱？ ………………………………… 198
人生是荒谬的"等待"？ ……………………… 203
集中营里的三重感悟 …………………………… 208
命运迥异的爱国者 ……………………………… 213
诱拐王后的牧羊人 ……………………………… 216
一个流氓的"洗脑"故事 ……………………… 218
让印第安人过自己的生活 ……………………… 221
达尔文惹下的大祸 ……………………………… 224
科学屠夫 ………………………………………… 228

# 第一章 看不见的陷阱

小心，你被人控制了！

> 控制与被控制几乎时时刻刻发生在我们身边。除非我们明白，那些人是在假装了解我们的内心，对我们乱下评语；否则我们将会依据错误认知进行人生选择，最后被别人控制在股掌之间。

尴尬的生日会

杜梅走向公司会议室时，脑子一团乱麻，手头那些生意上的琐碎事情让她有些心不在焉。"噢！"她刚推开门，一阵欢呼声扑面而来。"生日快乐！"屋子里所有的人一起叫起来。"哦，天哪！我都忘了今天是我的生日！"杜梅又惊又喜，"谢谢大家！""嘿，杜梅，不会吧？"同事刘嘉嚷嚷道。"真的忘了。"杜梅说。"得啦，你肯定知道的。你知道我们要为你开生日会。"刘嘉坚持说。"我真的不知道。"杜梅认真地解释说。"你知道我们为你订了蛋糕，你正等着呢。"刘嘉的口气已略带嘲讽。"我发誓，的确不知道。"杜梅有点无可奈何。"别这样，你就承认你是假装吃惊的吧，你这人就是喜欢装腔作势。"刘嘉还是不依不饶。"……""你们别争了，开始切蛋糕吧。"旁边有人不耐烦地说。

所有人的注意力都转向了生日蛋糕，杜梅却觉得沮丧极了。"刘嘉干吗非要强迫我承认我确实不知道的事情？"杜梅不明白，屋里其他同事对她们的争吵似乎也莫名其妙。没人想在开派对的时候看别人争吵，杜梅并不想争论什么，她只是感到刘嘉的随意猜测侵犯了她，下意识进行反驳而已。这个生日被刘嘉弄得挺不开心的，而其他同事在她们争论不休时也挺尴尬。

漠视你，评价你

忘记自己的生日是有点奇怪，但问题的关键是刘嘉无法认真听杜梅的解释，她也不想去真正理解杜梅的想法。其实，在我们的现实生活中常常会遇到像刘嘉这样的人，让人感觉很不舒服。

跟这种人在一起，无论你与他们认识多久，无论你如何向他们表白，对方根本不会听你的解释，因为他们可能根本就不关心你的想法，拒绝去真正了解你。刘嘉毫无疑问是这样的人。她先是直截了当地抹杀了杜梅的真实想法，之后按照自己的想法对杜梅作出了判断，硬说杜梅是假装吃惊。只要她认为别人是这样想的，就一定要强加到别人头上。

他们还很喜欢拿出一副很老练或者很专业的样子对别人品头论足，说三道四，随意地给出结论性的评语。刘嘉很轻率地给杜梅下了结论，说她就是喜欢装腔作势。但是刘嘉真的了解杜梅吗？在她给出评语的时候，她假装自己具有丰富的社会经验，能够一眼看穿杜梅的心思，所以也就有资格做杜梅的辅导员，指导她如何为人处事。

也许你会认为像刘嘉这种人只不过是性格上刚愎自用，或者是跟你沟通不畅，互相不理解。但是美国心理学者帕萃丝·埃文斯却提醒你，其实他们是在试图控制你，让你按他们的想法思考，按他们喜欢的方式行事。漠视你的真实意愿，对你擅加评价，通过这种微妙而不易察觉的方式，他们正试图将你控制在他们手中——随意支配你的时间、空间、资源，甚至生命。

有趣的是，在我们现实的社会中，很多人根本意识不到自己已经不知不觉地被人控制。他们在少年时期总是受到父母莫名其妙的奚落："小傻瓜，不要跟我顶嘴！""你怎么总是这么自私！""你怎么这么笨，连这么简单的题目都搞不明白。"而那些个性被压制的孩子们早已放弃了自己的意愿，还盲目地认同父母的说法：这么做完全是为了他好。

成年以后，又会有很多"好心人"站出来，问都不问你一声就替你拿主意。你的领导、老师、朋友、亲人不断地而且随随便便地给你各种各样的评语。有些你听起来很顺耳，有些却在讲你这儿有缺点，那儿有问题，不管好听不好听，给出这些评语的人都在试图让你按照他们的想法做事。如果对方是专家、企业的CEO这样的权威人士，特别是如果他们有良好的目的，大家就更容易相信他们对我们下的定义是正确的，绝不会意识到他们也可能在侵犯自己。

幻觉中的胆小鬼

对刘嘉这种人来说，控制别人的需求是一种很难抑制的冲动，就像着了魔一般，一下子失去了理智。别人不按他们的意思做事或者反对他们，都会引起他们极大的不满，甚至会产生暴力行为。

他们并不是坏人，可是为什么善意的人们也会随便定义别人呢？而且自认为做得没错。为什么他们会对不听从他们"指导"的人那么愤怒？心理学家认为，他们其实是一群生活在幻觉中的胆小鬼。

对别人我们经常会有先入为主的假设，我们可以把这个假设看成是一种幻觉。例如，我们听到"祖母"一词内心总会勾画出祖母的形象。有些人马上就会想到一位满头银发、戴着老花眼镜、身材臃肿的老太太。这种幻觉只是帮助我们认识外界的一种工具而已，便于我们提前作出心理准备和判断。当现实暴露在眼前的时候，大多数人就会放弃幻觉，接受现实。如果这位祖母偏巧是一位身材高挑、披着一头乌黑长发的迷人女性，人们在吃惊之余还是会承认这位祖母的确不一般。

但是，我们的那些"控制者"们却很难放弃幻觉。他们会在脑海中虚构一个你，并且认为你就是他们所虚构的人。他们似乎已经把自己思想的触角延伸到了你的心灵深处，并在那里驻留，所以他们就会大言不惭地宣称他们比你本人更了解你。如果你不是像他们幻想的那

样,对不起,是你错了。

有时候,你的老板可能会经常重复同样的话,这句话就是:"你没有尽力。"但是你确实尽了力,而且实际上已经做得很好了。原因就在于,老板开口之前就已经在脑海中虚构了你的形象。他只是试图把想象中的一个10亿元身价的销售员强加到你的头上。最后你忍无可忍,只得辞职。老板就此失去一个优秀的雇员。

在被控制者的眼里,控制者看上去非常有力量:傲慢、专横无比,让被控制者感到惊恐万分。实际上,与被控制者的感觉刚好相反,控制者自身通常感觉自己无能为力。为什么会这样呢?因为他们生活中时刻存在着危险。如果被控制者以一种无法预期的、不按套路的、完全是自发的方式去行动,就破坏了那个完美的幻觉。这样,控制者就会失去控制目标,他们将和被控制者脱离联系,被孤立起来,这让他们非常紧张。于是,他们通常的反应就是努力说服,甚至打骂被控制者来减弱和消灭这种异端倾向,想方设法让你变得跟他们想的一样。

刘嘉与杜梅的争吵就是因为刘嘉试图让现实中的杜梅与自己幻觉中的杜梅统一起来。有些丈夫甚至用打骂来对待提出自己主张的妻子。其实他们正在恐惧中竭力把现实拉回到自己幻觉的轨道上来。对于有些极端偏激的控制者来说,失去控制是非常恐怖和无法接受的,他们在某些情况下甚至会因此杀掉被控制者,以阻止被控制者和他失去联系,也就是说离他而去。当做出这种致命行为时,他们使自己最深层次的恐惧变成了现实,有些人感觉到无法承受,因此采取了自杀行为。这就是一个非常普遍的"杀人,而后自杀"的故事情节。

控制与被控制几乎时时刻刻发生在我们身边。除非我们明白那些人是在假装了解我们的内心,对我们乱下评语,否则人们对我们的评价将会遮蔽事实,扭曲认识,模糊我们的视线。如果我们接受这些评价,我们将会颠倒黑白,把对的说成错的,把错的说成对的。更重要的是,我们会依据错误认知进行人生选择,最后,我们会被别人控制在股掌之间。

被唤醒的雕像

> 热烈的期许的确能够对期许对象产生切实的影响,即我们的俗话所讲:说你行,你就行,不行也行;说你不行,你就不行,行也不行。

皮格马利翁是古希腊神话中的塞浦路斯国王。相传,他性情孤僻,一人独居,擅长雕刻。他曾经用象牙雕刻了一座自己理想中的美女像,并取名叫加勒提亚。他和雕像久久依伴,把全部热情和希望放在自己雕刻的少女雕像身上,加勒提亚被他的爱感动,从架子上走下来变成了真人,与他结成伴侣。

皮格马利翁用自己真诚的期盼将雕像唤醒,这个故事不过是美丽的神话传说。但是现代心理学却相信,热烈的期许的确能够对期许对象产生切实的影响。用我们的俗话可以这样讲:说你行,你就行,不行也行;说你不行,你就不行,行也不行。

罗森塔尔实验

1968年,美国心理学家罗森塔尔和贾布可森对一所小学的学生做了一个心理实验,两位心理学家从小学一年级到六年级各选3个班,对这18个班的学生作了一番煞有其事的未来发展预测,然后随机抽取了五分之一的学生,将这份名单悄悄交给校长和有关教师,并郑重其事地告诉他们,这些是经过他们严格遴选的学生,都具有很大的"学业冲刺"潜力,并一再叮嘱"千万保密",否则会影响实验的正确性。8个月以后,罗森塔尔对全部学生进行了第二次未来发展测验,奇迹出现了:原来毫无特别之处的五分之一学生与其他同类学生相比,上进心强,求知欲旺盛,成绩提高很快,与人交往也更为热情诚恳。

原因何在？这份名单孩子们并没有看到，也并没有听教师提起过，但是他们"感知"到了。两位心理学家的"权威性谎言"对教师产生了某种程度的心理暗示，激发了教师的热情，他们将这种热情转移到孩子们的身上，才获得这样惊人的效果。

罗森塔尔将这种由他人的期待和热爱而在孩子身上产生符合期望的心理现象，称之为"皮格马利翁效应"。

罗森塔尔还分析了这种效应产生的心理机制，列举了如下几条：首先是气氛，即由他人高度期望而产生的一种受关心的温暖的感觉，获得一种情感上的支持，从而营造出一种积极的气氛；其次是反馈，教师对他寄予厚望的学生会给予更多的关注，而这种行为会带来反馈后的反馈，形成良性循环；第三是输入，教师指导孩子学习，提供参考资料及其他便利；第四是鼓励，对孩子的输出和反应给予真诚的鼓励，这种鼓励的力量非常强大，甚至难以估量。

模拟监狱实验

心理学中还有一个负面的实验，得出的结论正好与"皮格马利翁效应"相反相成。1971年，斯坦福大学的社会心理学家金巴多进行了一次模拟监狱实验。经过严格挑选产生的21名志愿者均来自中产阶级、白人、本科学历，且都接受了性格测试，经评定被认为情绪稳定、成熟而守法。他们用抛硬币的方法决定，10人当犯人，11人当看守，计划进行两周实验。

"看守"和"囚犯"的关系很快就进入了老式的套路：看守们开始认为这些囚犯低人一等而且十分危险，囚犯们开始觉得看守都是流氓和施虐狂。几天后，囚犯们组织了一次反抗，他们把身份证号撕掉，用床顶住门不让看守进来。看守用灭火器喷他们，迫使他们从门后退下，然后撞入囚室，扒掉囚犯的衣服，拿走他们的床铺。这以后，看守们不断地增加新的管制条例，经常半夜三更唤醒犯人点名，迫使他们进行无聊和无用的劳动，因为"不守规定"而惩罚他们。受到羞辱的犯人开始对不公的处罚习以为常，有些人则渐渐感到头脑混乱，有一个甚至到了非常严重的程度，实验者不得不考虑提前放他出来。

金巴多后来在报告中写道："这次模拟监狱体验最令人吃惊的结果是，在这些极为正常的年轻人身上，竟能非常轻松地激发起施虐行为；而在这些因为情绪稳定而严格挑选出来的人中间，竟会很快散布一种传染力极强的狂躁情绪。"这次实验表明：正常的、健康的、受过教育的年轻人在监狱环境的团体压力下如此迅速地发生转变是一件多么容易的事！这恰恰证明了皮格马利翁效应的另外一面：当一个人遭遇消极的期许时，他很可能也会变得消极起来。

唤醒心中的雕像

在现实生活中，也许皮格马利翁效应的确可以帮助他人和我们自己走出困境，取得成功。

对教师而言，真正的爱心和鼓励对孩子在青少年时期的人格塑造有着难以估测的影响。它们能够给孩子带来强烈的自我肯定、自我暗示和自我成长，带来坚韧的不易摧毁的自信。

不过期望必须是真诚的、发自内心的，不能流于表面，徒为一种形式。如果罗森塔尔实验中的老师们不服科学家的"权威"之说，也抱着一种半信半疑的态度来看待学生的"学业冲刺"的潜力的话，那么这种惊人的效果并不会达到。这个实验之所以取得如此大的成功，其深层次的原因在于他们受到了"科学"的暗示，在心理上自我确认、自我暗示，再在不自觉的过程中将这种暗示传递给学生，这种连续不断的良性输入就会带来连续不断的良性输出。

反过来说，如果老师和家长的目光过于短视，忽略孩子身上的闪光点，忽略了一些真正值得关注的东西，持着严格甚至苛求的态度将缺点无限地放大，无形中投以偏视的目光，那么带给孩子的无非是屈辱和不幸。长期受这种影响的孩子往往性格偏执、脆弱、冷漠，缺少热情的态度和坚定的信念，会产生怀疑和不信任感、不安全感。这种感觉会极大地损伤他们的分辨识别能力和人际交往能力，也会在不同程度上戕害他们的自信心。

第一章　看不见的陷阱

就管理者而言，每一个管理者对自己的下属员工有期望值，他也会有意无意地把这些期望溢于言表，员工也会有意无意地读懂管理者的意图，并按照管路者的意图行事，管理者对待下属员工的方式对员工会产生微妙的影响。

如果管理者缺乏经验，对员工的能力不经过深思熟虑就作负面评价，那么他就会给员工的职业生涯留下阴影，深深伤害他们的自尊，扭曲他们的形象；但是如果管理者很有经验，并且对自己的下属员工有较高的期望值，员工们的自信就会成倍增长，能力和生产力也容易相应得到提高，这时，管理者就是一个成功的皮格马利翁。

就个人来说，"皮格马利翁效应"在树立自信方面也同样适用。一个人对自己的能力和自我期望值极大地影响着他的努力程度和行为结果。如果认为自己能够成功，他就极有可能成功。日本能力开发研究的所长坂本保之介先生在《提高记忆力的实验》一书中说过一段令人回味的话："对于来我们研究所请教提高记忆力的人，我首先让他懂得自信心的重要性，要有'相信一定能记住'这样一种信心。说来也怪，认识到这一点以后他们仿佛一下子有了自信，记忆力真的提高了很多。"

应该注意的是，正确的自信不是狂妄自大，以为命运自然会根据自己的意愿而改变，而应该是相信自己通过努力能够实现目标。只有这样，你才能唤醒心中那尊象牙雕像。

罚款能让妈妈不迟到吗？

> 金钱的奖赏和惩罚真的能够达到预想的效果吗？以色列的一位幼儿园院长也许能告诉你答案。

在我们现在的社会里，很多人相信金钱上的刺激可以激发人们做事的积极性。如果你想让别人做什么事情，就奖给他一点钱，如果你不想让别人做什么事情，就罚他一点钱。在现实中，这个经验常常被人们当做百试百灵的灵丹妙药。但是金钱的奖赏和惩罚真的能够达到预想的效果吗？以色列的一位幼儿园院长也许能告诉你答案。

失败的幼儿园改革

这是一所日托式的幼儿园。可能很多读者小时候都上过这种幼儿园，早上父母将孩子送来然后就去上班，下午下班的时候再来把孩子接出来一起回家。位于以色列海法市的这所幼儿园规定，家长们应该在下午 4 点之前把孩子接走。可是让院长头疼的是，总有家长会迟到。

太阳快落山了，可怜的孩子眼巴巴地等着爸爸妈妈来接。院长看着心疼，更重要的是，他必须给为了照看这些孩子而不能按时下班的老师支付加班费。这怎么行？超过了时间，幼儿园没有义务免费为这些不负责任的家长看孩子啊。于是院长想到了罚款的办法。

不过院长还是有点儿怀疑，罚款的办法究竟能不能奏效？于是他找来几个经济学家来替他作个试验。

起初，经济学家们并不急于罚款，而是耐心地观察了 4 个星期，对迟到现象进行了统计，发现每周家长平均迟到 8 人次。到了第 5 个星期，罚款措施开始执行。幼儿园宣布，任何一位家长迟到 10 分钟以上，罚款 3 元。

出人意料的是，在接下来的几周里，家长迟到的现象非但没有减少，反而大大增加了，每周平均达到了 20 人次，是原来的两倍还多，结果事与愿违。

罚款居然失效了。究竟什么地方出了问题？你也许会说大概是罚的钱太少了，要是提高到 100 元保证没人再迟到。可是院长表示反对，把罚款定那么高，你想让家长把孩子都转到别的幼儿园不成？更何况，即便是罚款力度不够，迟到的次数也不应该不降反升啊。

经济学家这样解释。家长按时到幼儿园来接孩子，原本的动机是为人父母的责任感，是一种道德刺激。然而，区区 3 元钱的罚款却不

知不觉地把家长们的道德刺激变成了经济刺激。

每天花 3 元钱就可以让家长们消除没有及时接孩子的内疚感，而且 3 元钱罚款相对于每月 380 元的托儿费实在是很不起眼，让家长们更觉得接孩子迟到没什么大不了的。既然如此，下了班的爸爸妈妈们为什么不在酒吧或者保龄球馆里多待一会儿呢？

后来的事实也证明了这一点。幼儿园在 3 个月之后取消了罚款，可是每周平均迟到的人次仍然保持在了 20，再也没有降回到原来的水平。这说明，即使罚款的刺激消失了，家长们也找不回原来的那种内疚感了。幼儿园的措施彻底失败。

高尚的献血者

罚款不能起到预期的效果，那么金钱奖励能不能激励人们更加积极地做某件事情呢？我们可以看看献血的例子。

最初，医院和采血站倡导人们无偿献血，很多人出于一种社会责任感都挽起袖子前来献血。后来，医院希望能够吸引更多的人前来献血，便提出给每个献血者少量的津贴。可是没想到，献血的人数反而大大减少了。

经济学家认为，最初无偿献血的人们也是出于一种道德刺激，只要得到热心助人的赞誉就可以满足了。可是当津贴出现了以后，道德刺激就变成了经济刺激，献血由高尚的慈善行为变成了痛苦的牟利方式，区区一点津贴根本无法吸引人们来献血。

医院没办法，只好将津贴提高。献血的人立刻多了起来，可是随之而来的问题让医院更加头疼。

血成了值钱的东西，有些人假造身份证反复献血，有些人弄来猪血冒充人血，有些人明明身患传染病，比如说艾滋病，也来献血，还有的凶恶之徒甚至用胁迫的方式逼别人献血。有人因为卖血搞垮了身体，有人因为输入了不干净的血液病上加病。

原本救死扶伤的采血工作变得乌七八糟。经济刺激害人不浅。

看到这里，也许你已经明白了，在我们的社会上，要想激励人，只靠经济刺激很可能会坏事。而道德激励则不仅对人的行为产生激励作用，还使追求某种需要的人的道德境界趋于崇高，给他人和社会带来良好的道德影响。任何激励方式都有自己的黑暗面，人们在使用的时候一定要慎之又慎。

在"孤岛"中走向死亡

> 你最好随时对你的自动导航系统保持一份警惕。只有自己具备清醒的头脑，才能引导你的飞机走出迷雾，飞离孤岛。

恐怖的邪教

1978年11月18日，一个名叫"人民圣殿教"的美国教派的900多名信徒，突然在该教派设在圭亚那首都乔治敦附近的一个营地里集体服毒自杀。

"人民圣殿教"是由一个名叫琼斯的美国人在1963年创建的。他声称此教"反对种族主义的魔鬼、饥饿和不正义"，经常宣传"世界末日"即将到来和核战争恐怖，鼓吹自杀才是"圣洁的死"。他以经办农业为名，带领教徒到荒野、丛林中过着脱离社会现实的生活。1974年该教派的信徒首次来到圭亚那，1975年在圭亚那西北部地区占据了数千英亩土地。1977年夏，一本美国杂志揭露了这一教派野蛮虐待教徒和绑架人的情况。后来，"教主"琼斯也来到圭亚那。在他的蛊惑下跟着他到圭亚那的有1 200人。

这个教派的教徒是一些对生活感到绝望的人、得不到社会帮助的人、吸毒者、老年人和孤独的人。他们对社会现实不满，对前途感到渺茫，对核战争恐惧异常。不少人受虚无主义思想影响，认为人生无常，活着是一种痛苦。因而他们入教之后，经常议论自杀。"人民圣殿教"在圭亚那还组织过"集体自杀演习"。这一教派的教规极其野蛮。信徒入教之后，从经济、信仰到肉体都受教主支配。信徒常受到殴打、鞭挞和种种精神折磨。小孩违犯教规也要受罚，甚至可能被投入水中溺毙。教主极其专横，生活腐朽透顶。"人民圣殿教"因此受到了外界的抨击和信徒亲属的控告。1978年众议员瑞安到圭亚那调查教徒受虐待的情况。在他启程回美国时，有约20名信徒要求随他离开营地。这时教主琼斯下令枪杀了瑞安和随行的记者等人，然后又下令营地全体信徒服毒自杀。

到底是怎么回事？

悲剧发生之后，每个人都震惊不已。广播、电视和报纸对此进行了连篇累牍的分析和报道。人们不断地追问："到底是怎么回事？"

据说教主琼斯相信自己会因为谋杀瑞安和记者而被捕，二者又会导致人民圣殿教的灭亡，因此决定以自己的方式控制人民圣殿教的结局。于是，他把所有的成员召集到身边，要求大家集体自杀。第一个响应的是一名年轻妇女。她镇静地走向那个掺有氰化物的葡萄糖饮料桶，舀起毒药给她的婴儿喝了一口，自己也喝了一口，然后坐下。四分钟之内两人便在抽搐中死去了。然后其他人也一一效仿。虽然有一小部分人逃跑了，还有一些人对自杀的命令进行了抵抗，但据幸存者说，910个人中大多数都是有秩序、心甘情愿地死去的，仿佛进入了催眠状态。

这些教徒们为什么会如此顺从地走向死亡？人们提出了很多种不同的解释。有人说是因为教主琼斯的个人魅力，他风度迷人，人们对他就像救星一样爱戴，像父亲一样信任，像国王一样尊重。也有人说是因为教徒们自身，他们大多贫穷、没有文化，愿意放弃思想和行动的自由来换取一片安排好的安全天地。

可是，世界上领袖魅力十足、信徒依赖性十足的团体并不少见，没有哪个像人民圣殿教这样，教主一声令下教徒们就集体慷慨赴死的。究竟是什么造成了这场集体自杀的悲剧？美国亚利桑那州立大学心理学教授罗伯特·西奥迪尼认为问题出在教徒们的社会认同心理上。

学我的样，照我的做

心理学上的社会认同原理指出，我们进行是非判断的标准之一就是看别人是怎么想的，尤其是当我们要决定什么是正确的行为的时候。如果我们看到别人在某种场合做某件事情，我们就会断定这样做是有道理的。不管是电影院里的空爆米花袋扔在什么地方，还是在某个路口该不该闯红灯，甚至在公共汽车上要不要抠脚丫子，我们周围的人的做法对我们决定自己应该怎么行动有很重要的指导意义。

在社会认同的过程中有两个因素发挥着重要的作用：不确定性和相似性。当人们对自己的处境不是很有把握的时候，也就是说面临很大的不确定性时，更有可能根据他人的行为来决定自己该怎么办。比如说，当一个小偷夺路而逃的时候，如果大家都去追，还在犹豫的人也会跟上去。另外，那些与我们相似的人的行为对我们最有影响力。电视上由普通人做的广告越来越多，广告商正是希望利用广告人物与你的相似性来影响你。

一般情况下，这样做可以使我们少犯很多错误，因为多数人正在做的事情往往也是正确的。可是有时候，这种社会认同心理也会被利用。比如，电视公司在拍摄情景喜剧的时候，常常为蹩脚的笑料配上笑声，我们在观看的时候往往漫不经心地跟着笑了起来。而人民圣殿教的集体自杀则是坏蛋利用社会认同制造的最可怕的惨剧。

"孤岛"中的认同

西奥迪尼并没有像电视机前的一般观众那样只顾着惊叹可怕的死亡场景。这场悲剧中有一个特别的地方引起了他的注意：为什么教主琼斯要把他们的营地搬到南美洲圭亚那的丛林地带去？

西奥迪尼分析，这正是教主琼斯邪恶天才的体现。他清楚地意识到，将他的营地从旧金山迁移到习俗迥异、人地两生的圭亚那丛林会对他的追随者造成多么巨大的心理冲击。一夜之间，所有的人发现自己来到了一个完全陌生的地方。这个他们突然掉进去的环境——无论是自然还是社会——是如此神秘莫测、险象环生，他们一定感到自己的生活充满了未知和不确定性。

在这种不确定性中，人们不知所措，常常就会模仿旁人的行动，而他们最容易模仿的就是跟他们相似的人。遥远而陌生的圭亚那就仿佛无边无际的大海上的一个孤岛，对于人民圣殿教的信徒们来说，在这里除了一道迁移来的其他信徒再也找不到别的相似的人了。于是，教主琼斯利用这次迁移轻而易举地将信徒们的社会认同掌握在了自己的手中。

此时，对于那些可怜的信徒来说，一件事情正确与否在很大程度上取决于深受琼斯影响的其他信徒的所作所为。当他们刚听到死亡命令的时候，一定也会不知如何是好，于是他们开始观察周围的人，以确定该做出怎样的反应。

有一批人迅速地、心甘情愿地喝下了毒药。在任何强势领导人统治的组织内都会有几个这样盲从的人。他们的表率作用造成了不可低估的影响。其他人都在观察自己的周围，以对这种形势作出判断，发现别人竟然全保持着平静。其实大家都在不动声色地观察，可惜却被彼此误认为耐心地等待喝下毒药是正确的行为。于是，在令人毛骨悚然的镇静中，900多人集体走向死亡。

不确定性和成员们特殊的相似性使社会认同原理最大限度地为邪恶的教主琼斯所利用。近千人的集体由追随者变成了一群失去个人意识的动物，奔向屠场。人民圣殿教的悲剧是发人深省的。我们又能做些什么保护自己呢？

西奥迪尼指出，我们不可能放弃社会认同，因为这是人类结成社会的重要工具，就像是飞机上的自动导航系统。正是因为有了这种自动导航系统，我们才能够迅速地判断出自己该做什么、不该做什么。

但是，我们不应该毫无保留地信赖自动导航系统，因为它接收到的信息可能是错误的。有些坏蛋可能会利用自动导航系统误导我们，将我们引入歧途，甚至万劫不复。所以，我们应该对自己的自动导航系统保持一份警惕，提高自己对信息的分辨能力，一旦发现信息有误，就及时地切断自动导航系统，改由自己操作。只有自己具备清醒的头脑，才能引导你的飞机走出迷雾，飞离孤岛。

用沉默迎接解放的集中营

> "哀莫大于心死。"很多时候，我们被困在自己圈立的集中营里，丧失了对成功的渴望，那真是一件非常可怕的事情。

1945年，第二次世界大战接近尾声。一支盟军连队长驱直入，直闯德军腹地。在一个村庄附近，他们发现了一片被铁丝网包围起来的集中营，大门敞开着，守卫的德军早已望风而逃。战士们小心翼翼地搜查了每一间囚牢，看到了令他们终生难忘的一幕：除了已经死去的人像柴火一样摞在一起，所有还活着的囚犯都形销骨立，如同骷髅一般，最可怕的是他们眼睛里那种绝望的神情。尽管德军看守早已不见踪影，集中营的大门敞开着，盟军战士们来到他们面前大声说"你们解放了"，这些可怜的人们仍然无动于衷，冷漠地躺在阴冷黑暗的角落中等候死亡的到来。

有些战士哭了，喃喃地说道："天啊，他们对你们做了些什么啊！"是啊，法西斯一定用非常残酷的刑罚折磨他们的肉体，用沉重的劳役夺走他们的健康，可是究竟是什么让这些人的精神完全萎靡，以至于面对敞开的大门却不再渴望自由，面对热情的解放者却毫无反应？心理学家用一个词解释了这种绝望的心理状态——习得性无助。

不知所措的小狗

有这样一个著名的心理学实验，实验对象是一只饥饿的小狗，实验地点是安装有两块木板的实验室。

第一天，木板被设置成按A板可得到肉丸子，按B板会被电击。小狗很偶然地按动了A板，结果得到了一个肉丸子；又很偶然地按动了 B 板，结果被电击了一下。多次尝试之后，小狗终于知道了只有按 A 板才可以得到吃的。

第二天，A 和 B 两块木板的功能被调换了。小狗刚开始仍是不断地按 A 板，可是每次都得到了电击，它于是尝试按一下 B 板，咦，居然得到了肉丸子。多次尝试之后，它终于懂得了现在只有按 B 板才可以得到吃的。

第三天的情况又发生了变化，无论按 A 板还是 B 板，都会被电击，不再有肉丸子。小狗在很努力地尝试了若干次后，终于学"乖"了，趴在地上不肯按任何一块木板。

第四天，两块木板的功能又被调整了——随便按哪一块板都能得到吃的。但当饥饿的小狗再次进入实验室后，实验者等了又等，学"乖"了的小狗却不再作任何尝试，甚至把肉丸子放到它的脚边它都懒得去碰。

这个实验研究的就是"习得性无助"。"无助"指的是小狗什么都不愿意尝试的状态，但这种无助不是天生的，而是后天习得的。实验告诉我们这样一个道理：如果你像第三天那样，对小狗所作的任何尝试均报以电击，而没有任何肉丸子的话，小狗就不知道什么才是被鼓励的行为，因而变得无所适从，并从根本上失去自信。

不会学习的学生

1975 年另一位心理学家用人作实验，结果使人也产生了习得性无助。实验是在大学生身上进行的，他们把学生分为三组：让第一组学生听一种噪音，这组学生无论如何也不能使噪音停止；第二组学生也听这种噪音，不过他们通过努力可以使噪音停止；第三组是对照，不听噪音。

当学生们在各自的条件下进行一段实验之后，便进入下一阶段：实验装置是一只"手指穿梭箱"，当学生把手指放在穿梭箱的一侧时，就会听到一种强烈的噪音，放在另一侧时，就听不到这种噪音。结果表明，在实验的第一阶段，能通过努力使噪音停止的第二组学生，以及没听过噪音的第三组学生，很快学会了把手指移到箱子的另一边使噪音停止，而第一组，也就是说在第一阶段中无论怎样努力也不能使噪音停止的那些学生，他们的手指仍然停留在原处，听任刺耳的噪音响下去，却不把手指移到箱子的另一边。

随后，心理学家又进一步作了另外一项实验：他要求学生把一串字母排列成字，比如 ISOEN 和 DERRO，可以排成 NOISE 和 ORDER。学生要想完成这一任务，必须掌握 34251 这种排列的规律。实验结果表明，原来在实验中产生了无助感的学生，很难完成这一任务。这说明"习得性无助"对以后的学习有消极影响。当一个人产生了无助感以后，它既可以使操作活动减退，又可以使智力活动减弱，给他的整个生活都会罩上一层灰暗的阴影。

可怕的"无助"

心理学家经过深入研究后指出，习得性无助是指如果人在最初的某个情境中获得了无助感，那么在以后的情境中就会难以从这种关系中摆脱出来，从而将无助感扩散到生活中的各个领域。这种扩散了的无助感会导致个体的抑郁并对生活不抱希望。这是一种可怕的感受，在这种感受的控制下，个体会由于认为自己无能为力而不作任何努力和尝试。

被纳粹关进集中营的囚犯们在长期的迫害中早已失去了对生存和自由的希望，在无数惨痛的经历和可怕的挫折之后，终于再也不抱任何希望。这种极端的例子我们很少能亲身接触，但是这并不是说"习得性无助"离我们很远。

比如说，很多孩子就容易落入这种"无助"的陷阱中。孩子天生就是积极的，喜欢尝试的，不过就像那只尝试着的小狗一样，免不了要出错。如果孩子的每一次尝试成人都报以厉声呵斥"不准……"或大惊小怪的惊呼"危险！不要……"时，他就好像被电击了一样，久而久之，他对自己要做的事情就变得不自信了，因为他不知道做完之后大人是不是又该大声说"不"了。结果，他也许会如你所愿地变成一个"乖"孩子，哪儿也不碰，什么也不摸，但却把"自卑"的种子深深地根植于心中。

在工作中,有些员工也容易对自己完全丧失信心、自暴自弃,甚至"破罐子破摔"。领导往往责怪这些员工不求上进,不思进取。其实不然,这些员工正是由于以往的种种挫折和失败经历,而形成一种极端无助的心理反应。

甚至在群众与政府打交道的过程中也会出现"习得性无助"现象。很多人有了问题想要投诉却没有途径,众多"告了白告"、"越告越倒霉"的经历以及常见的冷言冷面早已摧毁了人们投诉的信心。人们对某一部门失去了投诉的信心,往往也不会对投诉其他部门产生多高的预期。日久天长,我们养成了忍气吞声的习惯。

走出"集中营"

那么,怎样才能让那些失去信心的人们摆脱"习得性无助",走出"集中营"呢?

对于勇于尝试的孩子们而言,只要不是极端危险的和损害别人的,就不要横加指责或制止,而应该对孩子"试一试"的行为予以鼓励和帮助。切忌在孩子失败的时候讽刺挖苦,那会熄灭他的探索热情;也不要在孩子失败的时候可怜他,那会使他丧失克服困难的勇气。

对于自暴自弃的学生和职员,则应该注重对他们自信心的培养,教育他们永不言败,贵在坚持。对于接踵而来的失败和挫折,应该引导他们学会正确对待,将成功归为努力和能力等内因,将失败归为方法不当、不够努力等外部因素,从而有效地保护他们的自尊和自信。

很多时候,我们被困在自己圈立的集中营里,丧失了对成功的渴望,那真是一件非常可怕的事情。"哀莫大于心死",希望每一个人都能够重新振奋,走出集中营,回到曾经的天空下。

你会服从邪恶的命令吗?

> 在战争或者非常事件中,盲目效忠,无条件服从命令,以致丧失人性的情况屡见不鲜。人在邪恶的命令之下究竟是服从还是抵制?

第二次世界大战期间,德国纳粹掀起了可怕的反犹太人运动,将近600万男子、妇女和儿童遭到纳粹党徒的折磨和屠杀。战争结束后,在纽伦堡军事审判中,许多在集中营当过刽子手的纳粹党徒辩解说,他们对那些人的死亡不应当负责任,因为他们只是"简单地执行命令"。

"执行命令"这种借口不能掩盖他们的罪行。但是在战争期间或者非常事件中,此类盲目效忠、无条件服从命令以致丧失人性和理智的情况确实屡见不鲜。人在邪恶的命令之下究竟是服从还是抵制,这个问题引起了社会心理学家的强烈兴趣。

一次折磨别人的实验

1961年6月,27岁的耶鲁大学心理学教授斯坦利·米尔格拉姆刊登了一份广告,邀请志愿者参加一项有关记忆的科学研究。可是当志愿者走进实验室的时候,却发现这个实验好像不是那么回事。屋子里摆放着一台奇怪的仪器,控制板上一字排开30个开关,电压最低的开关为15伏(下面标有"轻微电击"的记号),然后依开关的顺序电压逐渐升高到中度电击,一直升到标有"危险、强电击"的450伏。有一个人被绑在隔壁房间的电椅上,用导线与这台仪器相连。

米尔格拉姆一本正经地向志愿者解释,这次实验的目的是检验惩罚对学习的影响。坐在电椅上的倒霉蛋要学习记忆一些成对的词汇,志愿者将作为教师检查学习者的记忆效果。米尔格拉姆要求每当"学习者"回答错误时,教师就要按下开关、发出电击,而且电击强度一次要比一次大,直到学习中不再出现错误。米尔格拉姆的同事还会以"权威"形象站在一旁,督促教师电击那个可怜的人。

实验开始后,学习者答对了几次,但也答错了几次。每答错一次,志愿者就在"权威"的命令下依次按下一个开关,电击强度也依次增大。第五次电击的电压为75伏,可以听到学习者开始哼哼、发出呻吟;电压为90伏时,学习者痛苦地叫了出来;150伏时,可以听到学习者尖叫着请求退出实验;180伏时,学习者哭着喊着"再也不能忍受了",并且用拳头砸墙;300伏时,学习者拒绝再回答任何问题,乞求停止试验立即释放自己;当电击强度接近标有"危险!超强电击"记号的时候,哀号声消失了,代之以不祥的沉默。

那个被电击的学生实际上是一名演员,他只是在模仿被电击的声音,其实没有受到一点伤害。可是参加实验者并不知道这一点,他们以为自己按下开关学习者就真的会受到电击。米尔格拉姆想知道志愿者们会在电压到达多少伏时拒绝"权威"的命令,停止电击。

事先,40名精神病医生应米尔格拉姆的请求预测人们在实验中的表现,他们估计大部分志愿者不超过150伏就会拒绝接受这种让人难受的命令。在他们的专业眼光看来,只有不到4%的志愿者在电压达到300伏时仍然会服从命令,忍心去电击那个可怜的学习者,而只有大约0.1%的被试会坚持到450伏。遗憾的是,他们都高估了人们抵制邪恶命令的能力,尽管有些人需要一定督促才能按下开关,但65%以上的人都能听任学习者尖叫,继续发出电击直到最大电压!

这次冒牌"记忆"实验让米尔格拉姆非常惊讶,这不是战争时期,参加实验的人也并非受到训练去伤害别人的军人,而是普通的平头百姓,居然也会在命令的支配下做出如此残忍的事情。看来人们还是很容易受到邪恶的支配。

什么影响我们服从命令?

那么,人们究竟在什么情况下最容易听任权威的摆布呢?米尔格拉姆认为，发出命令的权威人士和命令执行后产生的后果，这二者与接受命令者之间的物理距离对于接受命令者的"服从"效果影响很大。

米尔格拉姆在后来的几次实验中，让自己的同事发出电击命令之后就离开了实验室。结果，当权威人士不在场的时候，服从命令的志愿者人数下降到了1/3。米尔格拉姆又调整了学习者与志愿者之间的距离，把学习者挪到实验室里来，让志愿者既能看见学习者扭曲的面孔，又能听见他撕心裂肺的哀号，甚至要志愿者亲手把学习者的手按在电击板上，结果服从命令的志愿者人数也大大下降。

这说明，人们离发布命令的权威越远，对头脑中的独立判断的束缚就越小；离他们执行命令的对象越近，头脑中的独立判断就越清晰。

最后，也是最为重要的问题是：人为什么会服从邪恶的命令？

米尔格拉姆给出了两个理由。第一个理由是，志愿者们对这次所谓的"记忆科学实验"完全不熟悉，对电击也毫无具体经验，在实验中他们也没有任何权力，只能按电击开关。而那个"权威"却似乎对整个实验很有把握，对学习者的痛苦哀求满不在乎。这让志愿者们以为用不着关心学习者。

第二个理由是，志愿者们觉得自己只是在服从命令，用不着负责。如果在实验中他们被告知要对自己的行为负责时，服从命令的人数马上就大幅度下降。另外，如果他们看到别人拒绝服从命令，便会意识到自己可能需要对电击的后果负责，也会拒绝服从命令。

软弱的帮凶

米尔格拉姆的实验未必能证明人的本性是邪恶的，但是很大程度上展现出人们在权威命令之下是多么的软弱。要求所有的人在权威面前都保持自己的判断能力是不太可能的，我们只有深入了解人类的服从心理之后，才能努力想办法提高人们抵制邪恶命令的能力。

在我们的身边，虽然不会再出现纳粹党徒在元首的命令下集体屠杀犹太人的事情，可是下属在领导的指挥下明知违法乱纪却仍然执行

不误的事情层出不穷。很多面子工程明明劳民伤财，不符合中央政策，下属们却唯领导马首是瞻，不敢提出任何异议；很多专款明明必须专用，却只需领导一句话，就可以挪用挤占，下属们完全照办。可以说，我们社会上林林总总的腐败现象中，主角固然是那些胡来的领导，具体操作这些事情的下属们也绝逃不过"帮凶"这个罪名。

那么，怎样才能避免"帮凶"的出现呢？根据米尔格拉姆的实验结果，一是要让发布命令的领导们离下属们远一点，从制度上使他们没有办法直接干涉具体办事人员的行为，给具体办事人员留出独立判断是非的空间。另一个办法就是明确办事人员的责任，只要是经过他们的手，不论是否接受了命令，都必须对产生的后果负责。这样，不管权威有多么高，下属们接受命令的时候也得考虑考虑这件事应不应该做。

你是"好人"还是"坏人"？也许你不会主动去杀人放火或者损害他人，可是你会不会不由自主地成为一个邪恶权威的帮凶呢？也许从心理学上看，人人都有成为帮凶的倾向，扭转这种倾向的唯一武器恐怕就是我们独立判断是非的能力。

自己设障碍的运动员

> 每一个人都希望自己能够取得成功。通往成功的道路当然是越平坦、越顺利越好。可是在我们身边，有很多人，也许包括你，却常常喜欢在自己前进的路上设置一些不大不小的障碍。

每一个人都希望自己能够取得成功，通往成功的道路当然是越平坦越顺利越好。可是在我们身边，有很多人，也许包括你，却常常喜欢在自己前进的路上设置一些不大不小的障碍。怎么会有这种事情？让我们先从一则童话故事说起。

动物运动会的风波

动物运动会就要开始比赛了，走兽代表队的总教练金钱豹踌躇满志。走兽代表队在他的精心调教下已经训练了大半年，从训练中的表现来看，他的队员们的状态都非常不错，估计这次打败飞禽代表队，夺回 4 年前失去的总冠军不成问题。

金钱豹盘算着，赛跑是走兽的强项，羚羊的成绩不错，应该可以战胜飞禽队的鸵鸟，将这枚金牌收入囊中。游泳不论对走兽还是飞禽都不是一件简单的事情，不过走兽队的海豹还是可以与飞禽队的企鹅一较高低。飞行是飞禽的看家本领，向来为它们垄断，不过这次金钱豹精心打造了一件秘密武器——大狐蝠。为了撼动飞禽在飞行项目上的优势，金钱豹甚至秘密弄来了一种很难检测的兴奋剂，打算在比赛之前给大狐蝠打上一针。

尽管金钱豹信心十足，可是他的队员们却都愁眉苦脸的。这次比赛引起了所有飞禽走兽们的关注，要是万一失手，它们可就英名扫地了。不过，这些小心思谁也不敢让金钱豹知道，总教练发起脾气来可不得了。

比赛终于开幕了。首先是赛跑，发令枪一响，只见黄土弥漫，运动员们狂奔而去。羚羊和鸵鸟并驾齐驱，冲在最前面。金钱豹大呼小叫地呐喊助威。鸵鸟伸长脖子，甩开双腿，越跑越快，眼看就要超过去了，羚羊忽然脚下一软，摔了一个非常夸张的大跟头。等它爬起来，鸵鸟早已跑得不见影子了，只得一瘸一拐地退出比赛。

金钱豹很恼火，去跟比赛委员会投诉说场地不平，影响了羚羊的发挥，可是没人理他。金钱豹只好寄希望于后面两场比赛。游泳比赛开始了，海豹和企鹅同时跃入游泳池中，只见白浪翻滚，两名运动员你追我赶。可是意外又发生了，海豹在调头的时候冲得太猛，一头撞在了游泳池壁上，当即脑震荡，被工作人员拖上岸送进了医院。

金钱豹见大势已去，只盼着大狐蝠能够在飞行比赛中挽回一点面子。谁知道这只会飞的大老鼠躲在休息室里注射兴奋剂的时候竟然装错了药，给自己打了一针青霉素，当场引起过敏反应，也退出了比赛。

走兽代表队的梦想就这样莫名其妙地结束了。金钱豹愤愤不平，可是它的队员们倒是显得很轻松。它们到处跟别人说，不是它们比不过飞禽队，只不过是发生了意外。

自己设下的障碍

金钱豹可能永远也不会知道，它是被那三个寄予厚望的运动员出卖的。羚羊自己脚下拌蒜摔了跟头，海豹也是故意往游泳池壁上撞的，大狐蝠装错了药更是一场拙劣的骗局，它怎么不给自己注射点汽油呢？难道是它们被飞禽队收买了？不是。心理学家说，它们只是害怕证明自己能力不足而已。

1978年，美国加州大学洛杉矶分校的心理学教授斯蒂文·伯格拉斯用实验方法证明，人们有在自己前进的道路上设置障碍的倾向。他用两组志愿者进行了一次智力测试。第一组志愿者的试题很明确，他们如同意料之中地取得了良好的成绩，所以信心百倍，认为自己有足够的能力应付这次智力测试。第二组的试题很模糊，实际上没有正确答案，可以从多个角度进行回答。志愿者们在困惑中交回了试卷，很快也领到成绩。心理学家故意给他们也打出高分，可是给出的标准答案很混乱，根本让人搞不清楚自己对在哪里，错在哪里。

随后，心理学家拿出两种药片让志愿者们选择，告诉他们第一种药片会降低智力测试的成绩，第二种药片会提高智力测试的成绩，让他们随意选择之后进行第二次测试。结果，那些对自己的测试满腹狐疑的志愿者纷纷选择了第一种药片。尽管他们知道这种药会干扰他们的成绩，可是因为对自己在测试中的能力存在疑虑，于是选择这个药片作为道路上的障碍，以便将可能的失败归咎于这种奇怪的药片，而不是他们自己的能力。

心理学家将这种给自己设置障碍的现象称为"自我妨碍"，指个体为了保护自己有能力的自我意象，而事先为自己的行为安排一种困境的过程。比如，一个人由于担心第二天考试不及格，便在头天晚上喝醉酒，这样考试的失败就不能归于其能力了。显然，自我妨碍是一种自我防御机制，目的是为了逃避失败的责任。研究者认为，自我妨碍者的这种行为并非要加强失败的可能性，而是如果失败可以归因于其他的因素，他们情愿接受失败。

为什么学习不努力？

自我妨碍行为在学生中表现得最为明显，甚至每一个人回忆读书时光，都会发现原来自己或者自己的同学就是一个"自我妨碍"的典型。

有些学生总是把作业推迟到最后时刻。他们通常会在放学后做其他事情，到晚上很晚的时候才做家庭作业，或者第二天到学校急匆匆地补做。作业质量当然可想而知了。他们也常常在快临近考试的时候才开始复习。这样，如果他们的学业表现不佳，他们会以此为借口，"我失败并不是因为我能力低，如果我早点努力的话，我会成功"；同时也向他的同伴们表明了为什么他的成绩这么差。

还有一些学生则根本就不做作业。他们会给人传达这样一个印象：他们不想做，他们认为学习是令人讨厌的，他们有更重要的事情去做。他们会认为自己能够取得成功，但他们却不选择成功。他们不学习或者贬低学习，这样避免了测试他们的能力，因而从根本上避免了失败的潜在含义——缺乏能力。

有些学生总是避免给人造成自己很努力的印象。在他们看来，成功并没有什么不好，而被别人发现自己在通过努力学习来获取成功却不是什么好事。从自我价值保护的角度来看，不努力而获得成功是最理想的，因为这表明自己能力非凡。同时，如果失败了，没有努力也是一个很好的借口——没有努力而失败并不能表明缺乏能力。正如一位心理学家所指出的那样："努力是一把双刃剑，我们越努力，如果没有成功，我们就会越发感到沮丧。"

一部分学生以特殊的方式来保护自我价值。他们在课堂上不认真听讲，破坏课堂纪律，与教师作对。捣乱行为不仅把别人的注意力从他的学业表现吸引到他的行为上，避免他人对自己做缺乏能力的归因，而且还会妨碍其他同学的表现，以达到自我价值保护的目的。此外，学生的自我妨碍还会表现在学业目标的选择上，他们往往会选择特别困难的目标。

击碎"完美借口"

自我妨碍是一种挽回面子的方法，为个体的失败提供"完美"的借口，某种程度上说是有好处的，比如说可以使人变得不那么焦虑，有时候反而能够发挥更高的水平。另外，如果取得了成功，个体的自尊也会得到极大提高，远远超过没有设置障碍的那些成功。可惜这种自己设置的障碍却毫无疑问会使失败变得更有可能发生。所以，为了让个人的发展道路更加顺畅，发现自己有自我妨碍倾向的人必须学会克服这种倾向。

研究发现，那些对自己的能力不太相信的人最易采取自我妨碍行为，而那些认为自己一点能力也没有的人或认为自己很有能力的人，都很少有这种自我妨碍倾向。因为他们根本用不着找借口。所以，克服自我障碍就要从提高自信心入手，相信自己通过努力能够取得成功。

另外，既然自我妨碍是一种借口，我们就得注意放弃这种借口，为自己的成功和失败找到正确的原因。只有击碎这种让自己心安理得的"完美借口"，才有可能最大限度地发挥自己的能力，走向成功。

人为什么会执迷不悟？

> 任凭周围的亲戚、朋友、旁观者如何劝说，他总是执迷不悟，甚至还要找出很多幼稚的理由来欺骗自己。直到受尽折磨，终于解脱的时候，他才幡然醒悟，追悔莫及。人为什么会执迷不悟？

自己骗自己的游戏

在电视剧中，甚至就在你办公室的对面座位上，常常会有一个痴心女子爱上了一个薄情郎。男人三心二意，满口谎言。可怜的女孩明明知道男人背着自己跟别的女子在一起，却不住地安慰自己说他们在一起是正常的工作关系，或者只是偶然邂逅，男人最终一定会回到自己身边，或者不会再有下次了。于是，痴情女始终苦苦等待男子的回心转意，不到遍体鳞伤决不肯听从劝告放弃重来。我们总是说：这女孩子太过痴情，被爱迷昏了头。有些人还会说：这女孩太笨了，要是我，早就把那男的给甩了。但别忘了，每个被骗的女孩也许都曾说过相似的话。

再看另外一个例子。一个对自己的运气非常有信心的人忽然收到一条短信，说他中了高达一二百万的巨奖，等他满心欢喜地打电话过去询问时，就被告知确有一大笔钱在某个遥远的城市等他去领，不过先要交几千块钱手续费。有上百万巨款可以拿，几千块钱又算什么，于是他很痛快地把钱交了出去。这一下可就没完没了了，一会儿要交所得税，一会儿又要交滞纳金，大奖一直没到手，小钱却不断往外掏。这个时候，周围的人都看出来是个骗局，可是这位老兄却反复向自己强调，这些小钱都是领大奖的正规手续，舍不得孩子套不着狼。直到最后他的口袋被掏空，才捶胸顿足，悔不当初。说这种人笨，大学教授上当的也不乏其人，说这种人贪，再贪也不能自己哄骗自己啊？

很多时候，我们会在身边发现一些悲情的人物。他们有一个共同的特点，那就是虽然并不愚钝，却常常陷入某一个绝对没有好处的事情中不能自拔。任凭周围的亲戚、朋友、旁观者如何劝说，他们总是执迷不悟，甚至还要找出很多幼稚的理由来欺骗自己。直到有一天，当他受尽折磨终于解脱的时候，才幡然醒悟，追悔莫及。人为什么会执迷不悟？有些心理学家给出了一个一本正经的答案：认知失调。

邪教信徒们的认知失调

"认知失调"就是当你作决定、采取行动或者遇到跟你原先预想的不一样的信念、情感或价值观后引起内心冲突，所体验到的一种心理状态。发明认知失调理论的是美国社会心理学家利昂·费斯廷格。

1957年，费斯廷格和他的学生混进了一群邪教信徒当中，希望通过观察这些信徒们的行为对他们的心理进行研究。这些邪教信众相信在某一日会有大洪水到来，毁灭整个世界，而他们的守护者会驾着飞船来解救他们，带他们到一个安全的地方。为此，很多坚定的信徒辞了工作、变卖家产，安心地等待这一天的来临。当预言中毁灭之日到来的时候，世界安然无恙，既没有洪水也没有飞船，按道理说这些信徒们应该幡然醒悟，将这个邪教弃之如敝屣。然而出人意料的是，某些信众的信仰反而更加坚定了。

对此，费斯廷格和他的学生提出一个认知失调的假说：

在一般情况下，人们都有维持自己的观点或信念一致性的需要，以保持心理平衡，如果人们的观念出现了前后不一致或相互矛盾时，也就是出现了所谓的认知上的失调，这时人的心理会出现紊乱或不安，于是很可能放弃或改变一种认知，迁就另一认知，以恢复调和一致的状态。

如果某人十分相信一件事，并且在信仰的影响下采取了不可挽回的行动，那么最后即使他明摆着看到证据显示自己的信仰是一个错误，这个人很可能也不会幡然悔悟，反而会产生更坚定不遗的信念。就像这些邪教信徒一样，信仰告诉他们到了某个日子会有大洪水，会有飞船。可是现实又告诉他们大洪水和飞船都没有出现。这两种认知彼此矛盾，大部分人放弃了愚蠢的信仰，可是另一些人放弃的却是对现实的认知，反而更坚定了信念。

戒烟也是一个典型的认知失调的例子。医学和社会宣传都告诉烟民吸烟有害健康，这与烟民自己的吸烟行为发生矛盾。于是，烟民势必体验到失调，为了缓解失调，他应当戒烟。但失调理论并不认为人总是按理性行事，而认为人会用种种方法把自己合理化。例如人们会给自己找借口说，如果我们戒烟，体重会增加，而体重增加易发心脏病，或者直截了当地说我不在乎少活几年。实际上，这种给自己的行为找借口的做法正是为了建立起对吸烟的协调认知，淡化失调体验。

一次"无聊"的实验

心理失调似乎有某种激励作用，因为你得用行动来减弱不愉快的感受。失调感愈大，你减少失调的动机就愈大。为了验证自己的这种理论，费斯廷格进行了一次著名的心理实验。

在实验中，几组志愿者被安排参加非常乏味的"作业测量"。一项任务是将12个卷筒放到托盘上，然后再一个一个地将它们拿开，再放上去，再拿开，不断重复。另一项任务是一块大木板上面带有48个方形木钉，要求志愿者将这些木钉一个一个按顺时针方向转动90度，然后再转90度，如此折腾半个小时。

完成任务之后，费斯廷格让这些志愿者告诉别人这种工作是愉快而且有趣的，其中一部分人每人被支付了20美元，其余志愿者每人只被支付了1美元。随后，这两组志愿者又被要求从"趣味性"和"科学性"的角度对任务作出自己的评价。如果以常识推断，你很可能会觉得与那些低报酬的人相比，得到高报酬的人对任务的评分应当高一些。但是情况正好相反。领取1美元的那组志愿者对这次无聊的"作业测量"无论在趣味性还是科学性上评价都相当高，而领取了20美元的那组志愿者却显得很坦率，给这次"作业测量"打出了很低的分数，跟大多数普通人的看法一致。

为什么会出现这种差别呢？认知失调理论对这个结果的解释是：20美元组的志愿者做了一件无聊的事情，也获得了相应的报酬，因此他们经历的认知失调比较小，心里想什么就说什么；而相比较而言，1美元组的志愿者瞎忙活半天只得到一点点报酬，因此他们经历了较大的认知失调。为了减少这种不和谐，他们使自己相信那种任务的确"有趣"而又"有一些科学价值"，从而"保全了面子"，于是给这次无聊的任务打出了高分。

这个实验用传统的强化理论是不能解释的。更少的报酬能导致更大的态度改变，而更多的报酬成了坚持原有态度的理由。这一现象揭示了：在高度失调的条件下，一个人会表现出在事后为自己的行为找理由，忙于自我说服。我们每个人检视一下自己以往的经历，可能也不难找到类似的经验。

我们只要有办法让别人吃了我们的亏，他就得努力来为我们讲话，不然就证明他自己是个笨蛋或无能的人。就像一群人排队买火车票，一个粗鲁的人插了进来，规规矩矩排队的人很可能会想：这家伙可能有急事，所以才插队，或者我才不担心买不到票，让他插队无所谓。有了这个解释，这些老实人不爽的心情才得到疏解——好笑吧？被无理插队，还得为对方解释，否则人们就会觉得自己很没用。

走出认知失调的旋涡

认知失调理论剖析了人们随处可见的微妙情绪，指出了人们之所以会执迷不悟的玄机。认知失调是我们生活的一部分，总是会出现，要想避免陷入执迷不悟，只有从人们每一次缓解内心紧张的方法上着手。通常人们有三种途径：

一是改变自己的行动使之与环境相协调，例如因为知道吸烟损害身体健康，那么把吸烟这种行为戒掉，就可以消除吸烟这种行为与吸烟损害身体健康所形成的认知失调。

二是改变对环境的看法或改变环境使之与自己的行为相协调，例如不承认吸烟损害身体健康，硬说吸烟不会损害身体健康，这样吸烟就可以心安理得了。

三是找出新的理由，使认知得以协调一致，例如为吸烟找出一个新借口，如"吸烟可以活跃思维，有助于文艺创作"，这样就又解决了认知失调的问题。

显然，第二种和第三种途径都会不可避免地使人落入"执迷不悟"的旋涡里，只有第一种途径，老老实实地改变自己的行为，才能一劳永逸地解决问题。对于那些陷入情网的不幸女子而言，最好的办法就是毅然跟花心男人分手，对于那些坠入骗局的人来说，也只有拒绝被骗子牵着鼻子走才能避免更大的损失。所以不要再骗自己了，找到正确的方法调整自己才是关键。

就这样被你说服！

> 要想劝服别人，靠滔滔不绝的轰炸是不行的，必须遵循传播学的规律行事，才能直指人心，达到最好的宣传效果。

广播电视、报纸杂志上充斥着各种各样的信息，整天轰炸你的眼睛和耳朵，哪些能让你信以为真？家人、朋友、路遇的推销员，个个苦口婆心，谁又能操纵你的心思？把自己的信息传递给别人让人家信服绝对是一门学问。

法西斯的魔弹

最早利用现代舆论宣传手段蛊惑大众的是20世纪三四十年代的德国法西斯。那时候，纳粹的宣传机器甚嚣尘上、猖獗一时。纳粹宣传部长戈培尔还向收音机生产厂家施加压力，要求降低售价，以便让普通老百姓买得起，这就使法西斯的宣传更加畅通无阻。

纳粹为什么要这样强行地抢占人民的耳朵呢？原来，那时候流行着一种传播媒介理论——魔弹论。这种理论认为，受众像射击场里一个固定不动的靶子，只要被枪弹打中就会应声倒下，或像护士面前一位昏迷不醒的病人，只要针头扎下去注射液就可以进入体内。所以媒体可以把各种各样的思想、感情、知识或动机几乎不知不觉地灌输到另一个人的头脑里，改变受众的思想观念和行为规范。

在美国，有人还将魔弹论进一步发展，提出了"潜隐说服"：使对方在毫无觉察的情况下"潜移默化"地接受说服信息。提出这一理论的美国学者作了一个实验：在电影放映的全过程中让"请喝可口可乐"这句话在银幕上以三千分之一秒的速度每隔五秒钟闪现一次。广告映现的速度快得肉眼无法觉察，实验持续六周之后，影院可口可乐的销售量增长了57.7%。"潜隐说服"虽引起了很大争议，但相信这种理论的人却很多，连中央情报局都对它产生了兴趣。美国联邦通讯委员会曾禁止广播和电视中使用潜隐说服，理由是这种说服技术的威力过于强大，必须予以限制。

甚至还有心理学家声称："给我任何一个正常的人，再给我几个星期的时间，我可以按照任何特定的要求来改变他的行为。"连领导研制了第一枚原子弹的美国物理学家奥本海默都认为，心理学的发展"带来了最可怕的前景：人们做什么，想什么，人们的行为和感情，都可以置于控制之下"。

失败的纪录片

因此在当时，从事新闻媒介和广告、公关工作的专家们常把大众描绘成一个容易被人牵着鼻子走的群体。然而，大众真的那么容易任人摆布吗？

1941年12月7日，日本偷袭美国珍珠港海军基地，美国人被激怒了，青年纷纷自愿参军入伍。为了激发他们的作战意志和士气，教导他们仇恨敌人并灌输爱国卫国、牺牲奉献的情操，美军邀请好莱坞导演拍摄了七部军事纪录影片，作为新兵训练的教材。

这七部片子主要是介绍德、意两国法西斯主义的兴起，日本占领中国东北及珍珠港事变之后美国的参战。同时，一批实验心理学家和传播学学者受命对传播效果展开研究。结果发现，这些影片虽然有效地向新兵们传达了当时欧洲和亚洲、太平洋上的战况信息，但是在激励战斗意志、使士兵们同仇敌忾上却没有效果，因此，这些影片其实是失败的。

后来，学者们还对1940年至1944年美国总统选举进行研究，发现大众媒介对选民态度也并未产生左右局面的影响。学者们的研究成果有力地驳斥了"魔弹论"，结论是：大众远远不是无能为力的"牺牲品"，他们相当主动、善于选择，想要操纵信息，而不愿受信息摆布。他们会抗拒说服信息，而且总固执地想反过来影响说服者。

既然如此，要想说服别人显然是需要技巧的。从此传播学者们进行了很多探讨，总结出了很多劝说秘诀。

一面之词还是两面都说

大众汽车公司曾经做过这样一则"次品"广告：汽车质检员在一辆看上去完美至极的大众汽车上翻来覆去检查了半天，最后打上次品的标签。为什么？因为仪表小储藏箱内有一道划痕。别的汽车公司都吹嘘自己的汽车质量好，大众公司却拿出一个"次品"来给大家看，直言不讳地说大众汽车也有次品。不过看了这样的次品，谁还能再怀疑大众汽车的高品质呢？

美国的艾维斯出租车公司也有过类似的做法。别的出租公司都整天标榜自己的实力雄厚、信誉可靠之类的，艾维斯做的广告却是这样的：在出租车行业，AVIS 只是第二，为什么你要租我们的车呢？因为我们更努力（如果你不是最大的，你必须这么做）。如此一来，AVIS 出租车公司的良好形象一下子就树立了起来。

这两则成功的广告在宣传自己的优点的同时，巧妙地交代一下自己的不足，结果反而具有更强的说服力。受教育程度比较高的观众会认为这种宣传比较客观和坦诚，更愿意接受。缺点是，如果碰上没什么文化的人，反而会把他搞糊涂。

更重要的是"两面之词"还具有"免疫"的效果。如上面的两则广告，正反两方面都被大众公司和艾维斯公司说了，下次它们的竞争对手再说大众汽车质量不好或者艾维斯公司实力不济的时候，你还会相信吗？

人如果在无菌的环境中成长，突然接触到细菌，身体就很容易受到感染，最好预防接种疫苗。人的思想也是这样。很多国家的政府都意识到了这一点，在发动宣传攻势的时候，与其对人们拼命地灌输最有利于自己的观点，不如事先适当地暴露一些反面的观点，让他们有些思想准备和抵抗力，以免发生意外的反面信息入侵时，民众产生思想动摇。

自己看着办

在宣传中，直白表述可以使观点鲜明，读者易于理解，但易引起读者反感。不作明确结论，寓观点于材料之中，则给读者一种"结论得自于自己"的感觉，容易记忆，效果更好。

苏联解体后，物价飞涨，报刊处境岌岌可危，在此情形下《消息报》用了这样一则征订广告：

> 亲爱的读者：从9月1日开始收订《消息报》，遗憾的是明年的订户将不得不增加负担，全年订费为22卢布56戈比。订费是涨了，在报纸涨价、销售劳务费提高的新形势下，我们的报纸将生存下去，我们别无出路。而你们有办法，你们完全可以拒绝订阅《消息报》，将22卢布56戈比的订费用在急需的地方。《消息报》一年的订费可以用来：在莫斯科市场购买924克猪肉，或在列宁格勒购买102克牛肉，或在车里亚宾斯克购买1500克蜂蜜，或在各地购买一包美国香烟，或购买一瓶好的白兰地酒，这样的"或者"还可以写上许多，但任何一种"或者"只有一次享用，而您选择《消息报》——将全年享用。事情就是这样，亲爱的读者。

这则广告娓娓道来，似与读者促膝谈心，平凡朴实的语言，设身处地的表述，阐明了一个"全年享用"与"一次享用"两种价值判断，让读者自己看着办，从而达到理性说服的良好效果。

不过这种方法容易使文章主旨隐晦，增加理解的困难性，使用的时候一定要小心，把读者搞得云里雾里，不知你要说什么就适得其反了。

情感战胜理智

在宣传的过程中，适当地注入感情可以唤起人们的亲切感，使道理更容易被理解和接受。特别是有些光靠说理不易被人们接受的问题，情感还可以起到"催化剂"的效果。一般来说，以情动人比以理服人更加奏效。

美国《时代》周刊的广告画面是这样一幅情景：猎人把双筒猎枪扔在地上，在野外悠然地读着《时代》周刊，竟忘了打猎。而捕猎对象鹿也与猎人"和平共处",戴上花镜,躲在猎人身后偷看,画面中的广告语一语中的:"没有其他时间能像现在这样读书了"。在这则广告中,人与动物在大自然的怀抱里和谐相处,钟情一物,如此温情诗意的画面场景真是悦人耳目,动人心扉。

人们熟知的"润发100"广告片带有浓郁的中国式情感风格:男主人公为唱完京剧后的女友洗头,多年离别之后,又在茫茫人海中寻找他倾慕的心上人。既有"众里寻他千百度,蓦然回首"的中国古典爱情美,又有"世事变迁,恍如隔梦"的岁月沧桑感,显示出了有别于国外名牌的独特魅力。

幽默也是唤起观众亲切感的良方。国外有一则感冒药的广告是这样的:一个独身冒险者在一片茫茫雪野中忽然被一群狼所包围,生命危在旦夕,他立即点燃了篝火,吓退狼群。这时他脸上浮现出一丝得意的微笑。一不小心他突然打了个喷嚏,火堆"噗"地被吹灭了……此时电视画面不再继续,而是出现了感冒药的品牌。人们稍有回味,立即忍俊不禁。曾有研究机构对500则电视广告作过调查,发现引人发笑的广告容易记忆并更有说服力。

总之,要想劝服别人,靠滔滔不绝的轰炸是不行的,必须遵循传播学的规律行事,这样才能直指人心,达到最好的宣传效果。

问得敌人哑口无言

> 怎样才能击中敌方最脆弱的命门呢?靠义正辞严的斥责或是秽语污言的谩骂?不用这么费劲,恰到好处地提几个问题就能够事半功倍。

两国交兵,不仅仅是真刀实枪,流血厮杀,心理战也常常必不可少。从第一次世界大战到伊拉克战争,漫天飞舞的传单海报、嬉笑怒骂的报纸广播、触目惊心的电视新闻早已让人们熟知了心理战的厉害。不过，怎样才能击中敌方内心最脆弱的命门呢？靠义正词严的斥责，或者是秽语污言的谩骂？不用这么费劲，很可能恰到好处地提几个问题就能够事半功倍。

卡维尔小姐被枪决之后

1915年，第一次世界大战正如火如荼。一位名叫卡维尔的英国女护士在已经被德国占领的比利时组织抢救伤病员。德军要求她在护理受伤的比利时和法国俘虏时也充当看守，可是卡维尔认为这既不是自己的职责，也不符合红十字精神，最后还是放跑了几名伤兵。于是，德国占领军在一天深夜秘密将她逮捕，交军事法庭审判。美国公使闻讯要求同卡维尔小姐见一面，也被德军拒绝。2个月之后，德军发布通告说，军事法庭已经于日前判处卡维尔小姐死刑，并且在9个小时后的凌晨两点执行了枪决。

正在为寻找不到宣传素材而发愁的协约国心理战专家精神为之一振，立即抓住这一事实向德国展开攻势。

英国宣传专家向德国军民散发了一种看起来没有什么火药味儿的传单。传单上只印着一张卡维尔小姐的照片。她坐在自己家的草坪上，用手抚摸着心爱的猎犬。除了标题"伊迪丝·卡维尔小姐"之外，传单上找不到半句文字解释。然而就这样一张几乎让人不知其所指的照片传单，拉开了一场心理战役的序幕。

接下来，协约国的心战专家连续进行了一连串的宣传：

一、德军枪杀了一位不分敌我护理伤兵的天使般的姑娘。

二、德军枪杀了一位天真的、爱动物的、爱自然的、心地善良的妇女。

三、为什么德军对逮捕卡维尔小姐的事情如此保密呢？

四、判决之后仅仅9个小时就在深夜执行枪决，德军为什么这样急于杀掉她？

五、德军为什么违背国际公约的规定，将与军事毫不沾边的护士交给军事法庭审判？

六、德军为什么不许美国公使和其他任何人与卡维尔小姐见面？

七、卡维尔小姐认为自己看守伤兵不符合红十字精神，德军是不是因此而杀她呢？

这一系列问题几乎找不到直接揭露德军残忍和践踏人权、无视国际公约的字眼，却直接将卡维尔小姐与德军的罪恶行径联系在了一起，迫使从来不承认自己残暴的德国当局不得不低头认罪。更重要的是，这种以提问为主的心理战手法，自然而然地深入到了德国军民的心中，使他们感悟到自己所处环境的阴险和危机，丧失了对当局的信任和对将帅的忠诚。

这也是武士吗？

第一次世界大战末期，为了离间日本与德国的关系，英国秘密宣传机构再次出手，在一本名为《这也是武士吗？》的小册子中，向日本人提出了一连串要命的问题。

这本小册子中有38幅插图，有的描绘的是德国潜艇击沉客轮；有的是德军行进时，把包括妇女在内的比利时人推在前面；有的是比利时家庭中丈夫被杀害，妻子被侮辱；还有的是德军将阵亡者的衣服扒下来捆好运走……

围绕这些画面，自然而然地出现了一连串问题：德国人用鬼鬼祟祟的潜艇击沉没有武装的客轮，这也是武士吗？入侵中立的比利时，这也是武士吗？用平民做挡箭牌，这也是武士吗？对妇女采取粗暴行为，这也是武士吗？处处破坏国际公约，这也是武士吗？

日本人看了这个小册子，得出的答案显然只有一个：德国人不是武士，不值得日本人学习和支持。于是，英国人通过提问题迫使日本军国主义者不敢明目张胆地支持德国，使德国陷入了精神、舆论和外交的孤立。

20世纪90年代的海湾战争中，伊拉克的心理战机构也曾经相当有效地向美军官兵提出了一连串的问题：石油王国的王公贵族们用大把大把的钞票把本该属于你们的美国女孩弄到手，你们反而要来保卫他们吗？在这个不战死也会活活热死的沙漠里，你们得到了多少消暑

品？你们愿意缺胳膊少腿地成为慈善会中令人可怜的对象吗？即使你能侥幸完整地离开这里，会不会像越战综合症的患者那样留下心理创伤？……

如此连珠炮似的提问，确实引发了美军官兵的深思，加重了他们的思想负担和厌战情绪，使美国当局不得不加倍地安抚和教育前线士兵。

让敌人自己去想

第二次世界大战中的英国心理战专家温斯登将军总结自己的工作时说："什么是心理战宣传？心理战宣传就是提问题。"高明的心理战不会把自己的观点说出来，而是设法以科学的方法和高超的艺术引导地方军民自己去想，让他们自然而然地得出我们所要告诉他们的答案。

从心理学的角度讲，人们总是坚信自己的聪明有过于他人，对外人交给他的现成答案总是或多或少抱有怀疑态度，而经过自己的思考得来的结论则是最正确最可靠的。在战争时期，人们总是担心和害怕错误地接受了片面和不正确的答案，就更加依赖自己的判断推理。所以，要想使他们的思想行为向某个特定的方向发展，最好的方法就是对他们进行引导式的提问。先把事实抛出去，让人们自己与事实进行对话，自己去回答问题，寻找答案。这就是心理战的诀窍。

我不跟你谈

> 当机立断地挂断电话，正是为了进一步谈下去。放弃自己的控制权的同时，你已经将谈判掌握在手中。

好莱坞影片《王牌对王牌》讲的是两个警方谈判专家斗智斗勇的故事。丹尼原本是芝加哥警察局谈判专家，因为遭到陷害，铤而走险绑架了局长等一干重要人物，想通过与警方的对话为自己洗刷罪名。

警方起初派出的谈判专家根本不是丹尼的对手，只知道苦口婆心地劝说和哀求，结果被咄咄逼人的丹尼耍得团团转，最后痛哭流涕地败下阵来。而后警方从另一个分局请来一个谈判高手史宾恩。俩人通话，丹尼仍是毫不客气地嘲弄对手，提出各种各样夸张的要求，史宾恩也不含糊，干脆利索地挂断电话。喋喋不休的丹尼一下子愣住了。

在那种剑拔弩张、人质生命危在旦夕的情况下，谈判专家对绑匪常常都是哄着劝着，生怕绑匪一时激动扣动扳机。怎么史宾恩居然敢在对手说得正得意的时候挂断电话呢？这是因为，他知道对方的目的不是为了杀人，而是为了与警方讨价还价，他挂断电话中止谈判，则是为了让对方明白这件事情没什么好谈的，你必须接受警方开出的价码，否则就是死路一条。结果，丹尼醒过神来之后，果然主动给史宾恩拨电话，俩人才真正开始现实的谈判。

这种切断联系的谈判办法其实就等于是放弃自己的控制权，做出任凭事态发展的姿态——用东北话说就是"爱咋地咋地"。对于对手来说，这是一种非常可信的威胁，既然谈不下去了，就必须认真考虑你的开价。1965年美国曾有一场监狱暴动，当时典狱长便拒绝聆听犯人的任何要求，直到犯人释放了所挟持的警察为止。典狱长完全拒绝和犯人对话的做法等于是在昭告众人，他绝对不会让步。

这种切断联系的方式在商场谈判中也很有用。比方说，假设你遇到一位买主不肯接受目前的报价，因为他相信你很快就会提出更好的价钱。为了让这位买主相信你不会降价，你可以先给一个最后的报价，然后就停止谈判，连他的电话、传真或电子邮件也不回。拒绝接触可以增加威胁的可信性。又比如你是一位经理，你的员工对你非常重要，很不幸的是你的部下也知道自己很重要，而且你不愿意失去他们，便想借此要求涨工资。这使你在谈判时居于下风。怎么办呢？你只要完全拒绝聆听他的要求，他自然就知道这件事没什么好谈了。

你也可以把事情丢给完全没有权力让步的手下去办。假设你是一名将军，想要攻占一座城堡，而且你的部队已经搭船向城堡所在的岛屿驶去。每个人都知道，假如你决定进攻到底，最后一定会取胜，但如果这样的话，这场战役会持续很久，而且伤亡惨重，所以你迫切地

盼望敌军能够投降。

大家可能会觉得,既然敌军也知道自己最终无法赢得这场战争,因此只好投降。遗憾的是,你的敌人耳闻了你的怜悯之心。你可能不在意他们的死活,但却很担忧下属的性命。所以假如他们能够坚持足够长的时间,你就会因伤亡过重而撤退。

在这种情况下,你该怎么办?仅仅威胁要坚持到最后没有多少说服力,你要做的是交出自己的控制权。你可以先下令部队要战到最后一兵一卒,然后再把他们单独留在岛上。假如敌军看见你一走了之,并相信岛上没有其他人可以收回成命,那么他们就会认为你的部队会奋战到底,既然如此还是投降比较好。

在现实中,当律师想要结束诉讼时,往往会宣称他们的委托人只授权他们到某个程度。假如对手相信他们的权限只到这里,常常只能答应他们的条件。而很多经理也有意缩小自己的权限。因为工作关系,你可能很难拒绝部下的要求,但假如每个人都知道你没有能力满足他们,拒绝起来就容易得多了。

当机立断地挂断电话,正是为了进一步谈下去,放弃自己的控制权的同时,你已经将谈判掌握在手中。

爱上一个绑架犯

> 很多人质脱险之后仍想方设法帮助那些劫持他们的人。这种敌我不分的现象在西方世界居然是普遍现象。难道绑架还能绑出感情来吗?

敌我不分的人质

1973 年,瑞典首都斯德哥尔摩的一家银行发生了一起持械抢劫案。两名劫匪冲进银行,企图靠手中的枪大捞一笔,然后立马走人。

没想到，斯德哥尔摩的警察效率非常高，还没等劫匪拎着钱袋走出金库，就警笛齐鸣，将银行围了个水泄不通。

事到如今，劫匪后悔也来不及了，只得像电影里演的那样，抓了两男一女三名银行职员做人质，退守在银行大楼内。为了保证人质的生命安全，荷枪实弹的警察不敢贸然进攻，只得和颜悦色地与劫匪谈判。匪徒提出的条件是，释放在押的同伙，保证他们安全出境，否则将人质一个个处死。可是这些警察根本做不到，没法答应。双方僵持了整整六天，全市的人都很紧张。最后警方设法钻通了金库，施放催泪瓦斯想将劫匪驱赶出来，狙击手同时作好了危急情况下击毙劫匪的准备，看起来劫匪们难逃法网。

然而，当劫匪和人质在浓烟中泪流满面地逃出银行的时候，令人惊讶的事情发生了。三名人质面对前来解救自己的警察不但没有表示出任何感激，反而极力抗拒。他们将劫持者围了起来，大声叫匪徒逃命，让警方难以靠近。其中一个女人质甚至还挺身替匪徒挡住警察的枪口。

后来劫匪还是被警察抓住了。在法庭上，这三名当了六天人质的银行职员居然都表示并不痛恨歹徒，对歹徒非但没有伤害他们却对他们多有照顾深表感激，拒绝在法院指控这两名绑匪，甚至还为他们筹措辩护金；那名女性职员在此次事件之后更是与劫匪感情深厚，不时到狱中探望，最后更不惜与男朋友分手，转而与劫匪之一订婚。

一年以后，另一起类似的劫持事件发生了。美国报业大王赫斯的独生女派翠西亚被一伙自称"新人民军"的都市恐怖分子绑架。但是在被劫持的日子里，这位富家千金却对恐怖分子萌生敬仰之情，最后自己也加入了这个组织，穿上军装，跟着恐怖分子一起抢劫银行。

这起事件引起当时公众大哗，这些人质是怎么了？难道绑架还能绑出感情来吗？后来人们慢慢发现，原来这种敌我不分的人质在西方世界居然是普遍现象。有些警察曾经抱怨，当他们与绑匪激烈交火的时候，人质居然会帮助绑匪往枪支里填子弹，或者自动站出来用身体为劫持者挡枪子。有一次，一个劫持者带着他的女人质通过一片沼泽地逃跑，警察即将赶上，劫持者嫌人质拖累，就决定放了她，但这个女人却一直跟在后面跑。当警察逼近时，她还朝警察掷石头，想减慢

他们的速度，掩护劫持者逃跑……

这些匪夷所思的事情并不是穷凶极恶的劫匪逼人质做的。很多人质脱险之后仍然想方设法地帮助那些劫持他们的人。他们向警方提供不可靠的情报，甚至假情报，例如虚报劫持者的武器数量及种类，使当局的援助工作受到阻碍。有一次，被劫匪释放的人质还偷偷越过警察的封锁线跑回劫匪那里，向他们报告警察所在的位置……

一种奇怪的情结

这种奇怪现象的出现引起犯罪心理学家的兴趣。他们把这种被害者对于犯罪者产生情感，甚至反过来帮助犯罪者的情结命名为"斯德哥尔摩症候群"，或者叫"人质情结"。

有些心理学家认为，人性能承受的恐惧有一条脆弱的底线。当人遇上了一个凶狂的杀手，杀手不讲理，随时要取他的命时，人质就会把生命权渐渐托付给这个凶徒。时间拖久了，人质吃一口饭、喝一口水，每一次呼吸，都会觉得是恐怖分子对他的宽忍和慈悲。对于绑架自己的暴徒，他的恐惧会先转化为对暴徒的感激，然后变为一种崇拜，最后人质也下意识地以为暴徒的安全就是自己的安全。

也有人认为这是一种心理防御机制，和绑匪建立关系是一种求生策略，假如绑匪和人质间建立某种关系，绑匪便比较难以加害人质。人质可能有意识或无意识地试图借此方式来应付危机并避免伤害。当人质尽最大的努力不去激怒或挑衅绑匪时，也会渐渐地失去自我意识，直到完全接受绑匪的观点为止。于是，当人质以绑匪的立场来看外界时，他们就不再渴望自由，结果当救援到来时人质可能会抗拒营救。

心理学家认为，"斯德哥尔摩症候群"只会在特定条件下出现，首先，人质自己面临着巨大的危险。其次，他必须处于一个封闭的环境中，除了绑架者的思想观点什么也接触不到。再次，人质在情感上习惯于依赖他人，容易受感动，并且感到绝望而屈服。最后，只要绑架者对受害者施加一些小恩小惠，人质就有可能成为他们中的一员。不过这种怪异的情结是加害方与被加害方心理互动的结果，它体现了人们从绝望中抓住希望的一种临界心态，所以具有极强的偶然性，随着时过境迁很容易就会烟消云散。

有人将这种情结推展到政治上，认为很多时候人民最后成为暴君的拥护者也同样是这个原因。那些匍匐在暴政之下的古老民族的苦难太长久，他们已经放弃了自由的希望，对一个暴君不杀的恩威也觉得是一种慈悲。在第二次世界大战期间，纳粹军队占领瑞典，以极其粗暴、强硬的纪律压制、迫害一向自认为是"高贵白人"的北欧人民，这些高傲的北欧人在遭受压制的过程中，竟然有些人反过来对纳粹的强硬、铁的纪律产生好感，心甘情愿和他们合作，打自己同胞的小报告。

美女与野兽的爱情

在金庸武侠小说《连城诀》中，讲述了一个被邪派高手血刀老祖劫持的名门闺秀水笙与莫名其妙成为血刀老祖徒弟的善良小伙狄云之间的故事。色魔血刀老祖虽然死了，可是他的徒弟还活蹦乱跳，此时水笙无疑是面临着巨大的危险。更糟的是，由于大雪封山，她落入了一个完全封闭的环境中，必须在此后的几个月内跟狄云单独相处，想说话也只有这一个人。最后，狄云还做了几件颇令水笙赞赏的事情，比如保护她父亲的尸体，猎捕兀鹫当做两人的口粮。

于是，水笙渐渐对她的绑架者狄云产生了感情。当春天到来、冰雪融化的时候，守候在山谷外的表哥前来营救水笙，此时水笙明显产生了抗拒心理，很快跟表哥一刀两断，回到那个曾经监禁过她的山洞里等候狄云回来。

如果说这还只是发生在小说中的故事的话，最近在奥地利发生的一件事情更证明美女爱上野兽是有可能发生的。少女坎普丝8岁时被绑匪在上学途中掳走，禁锢在一个地下室中长达十年之久。警方搜遍全国都找不到她。她十年来恍似人间蒸发，直到最近才趁绑匪不备逃了出来。害怕东窗事发的绑匪同日畏罪自杀。获救数天以后，坎普丝发表了一封公开信，除了记录她在十年被禁锢日子里的生活点滴外，更首次表示她对绑匪的行为不但不感到愤怒，反而对他不知不觉产生了莫名的好感，甚至爱意。心理专家指出，绑匪在十年里对她有时关怀备至，有时又百般折磨，这种又爱又恨的关系最终使坎普丝沉醉其

中，不能自拔。

爱情很多时候都是因一个错误而开始的（像坎普丝和绑匪的相识是通过暴力）。但有了开始以后，更重要的还是如何相处的过程。坎普丝和绑匪差不多每天 24 小时都在一起，比不少现实中的情侣相处的时间多得多，他们分享了很多相同而亲密的共同回忆。正如坎普丝所忆述的一样，他俩每天的生活非常规律，一起看书、看电视、聊天、做饭和做家务，时间的急速浓缩令他俩变成一对好像相爱多年的情侣。

坎普丝的故事叫人不禁想起世间几多情爱关系，也是一样像绑匪和人质般爱恨交缠。我们都试过爱上不该爱的人，想离开又不舍得，感情被禁锢在不见天日的回忆里逃不出来，相爱的日子愈长你愈会刻意记着对方的好，拼命忘掉对方的坏，尝试继续爱上感情上十恶不赦的那个他（她）！原来爱情也有"斯德哥尔摩症候群"，一个愿打，一个愿挨，个中的微妙处是如此充满自虐、自欺和自卑。

人类的意志实在非常软弱，坚强的信念可能只是源于错觉和本能。未必每个人都会经历这种生死关头，但是谁知道其他情况下不会有雷同的情况？也许我们正落入圈套中而不自知……但知道有这种现象总会有点帮助吧。

被冤枉的刽子手

> 我们的记忆并不那么可靠，尤其在我们处在极端环境的情况下。

审判"恐怖伊万"

第二次世界大战期间，德军曾在波兰的特雷布林卡死亡集中营雇用了一位名叫伊万的乌克兰人。此人异常残暴，身材肥硕，他的工作就是在成批屠杀犹太人的毒气室外控制释放毒气的开关。集中营的难民们给他起了个外号叫做"恐怖伊万"。整个"二战"期间，在这个集中营被屠杀的犹太人有85万之多，"恐怖伊万"显然也是一名刽子手和帮凶。大战结束后，"恐怖伊万"也不知所踪。

30多年后，也就是1975年，当人们都已经渐渐遗忘死亡集中营的苦难之时，一个名叫德米扬科的乌克兰裔美国汽车工人再次把人们的记忆拉回到那个年代。此人因为在移居美国时隐瞒了自己曾经在战争期间担任过集中营守卫的历史，按照美国法律被剥夺了美国国籍，并引渡到以色列。以色列人认为他就是那个臭名昭著的"恐怖伊万"。

5名特雷布林卡死亡集中营的幸存者看了德米扬科的照片后，认为照片上的人就是恐怖伊万。他们坚决和催人泪下的证词似乎消除了人们对德米扬科身份的疑虑。但是，一位荷兰心理学教授瓦格纳却以专家证人的身份出庭为"刽子手"辩护，他认为那些幸存者提供的证词并不可靠。

这引起了很多人的攻击谩骂。人们觉得瓦格纳质问那些显然是积攒了全部勇气来和"恐怖伊万"对质的老人不是一件光彩的事情。在那些老人的脑海里、睡梦中仍然充满了对特雷布林卡那段恐怖经历的记忆，所以"证人提供的证词不可靠"这样的提法立即引起了公愤。

于是，1988年以色列法院判处德米扬科死刑。当这家伙在牢房里等待上诉结果的时候，柏林墙倒塌了，苏联的一些档案文件也得以公之于世，这给了原本尘埃落定的案情一个意外的转机。原来，德米扬科"二战"期间真的没有去过特雷布林卡死亡集中营，肯定不是那个"恐怖伊万"，不过他也不是什么好东西，曾经在别的集中营做过守卫。尽管以色列的检察官心有不甘，但是原来指控德米扬科的罪名已经完全不成立了，只好将他无罪释放。

遗失了的记忆

在这个案件中，抛开法律问题不谈，心理学家瓦格纳质疑那五个幸存者提供的证词是一件很值得人玩味的事情。后来的事实证明，幸存者的确弄错了，德米扬科不是"恐怖伊万"。是那些饱受摧残的老人有心冤枉德米扬科吗？不是，心理学家解释说，是他们的记忆在那段惨痛的日子中受到了损害。

著名的美籍奥地利心理学家贝特尔海姆曾经在德国的两个集中营里被囚禁了一年。他注意到自己的记忆力大有衰退,过去曾经可以不加思考的东西,现在回想起来也要费很大的力气。体力严重透支、精神萎靡不振,以及营养和维生素B缺乏(缺乏维生素B可导致思维意识不清)可能是原因,但问题还不止这么简单。

在集中营恶劣的条件下,他对周围事物的观察已经不能称为真正意义上的观察了。想要活着离开集中营的首要条件就是尽量不要引起别人的注意。任何人,不管是出于什么原因,只要让德国党卫军士兵留意到自己,就会命悬一线。第二条禁令是:不该看的东西千万不要看。有时犯人们看见党卫军士兵虐待另外的犯人,便迅速把头扭转过去,撒腿就跑,装作什么也没看见。显然,他们的突然狂奔清清楚楚地说明他们已经"看到了",不过只要他们很明确地表示自己会离不该知道的事情远一点就不要紧。

贝特尔海姆认为,把囚犯变成聋子和瞎子是党卫军摧毁犯人意志的策略之一。只知道别人允许你知道的事情是婴儿的行为,对那些极为重要并值得认真记录的事情视而不见无疑是对人性的摧残。许多从集中营里逃出来的人也曾抱怨记性差,诸如观察和记忆这些在正常生活中自然而然的大脑功能在集中营里却遇到了麻烦。

有一个曾经在集中营给犯人看病的医生回忆说,一个曾经的朋友向他求救时他居然根本认不出对方是谁了。显然他已经丧失了认人的能力。他说:"我无法在一个审判纳粹党卫军的法庭上作证。我做不到,我认不出任何人。所有的一切都发生了如此可怕的变化。就像那些在集中营里很快就变得没有人样的犹太人让我无法相认一样,我也无法再指认那些纳粹党卫军了。"

"恐怖伊万"案件中的证人之一罗森堡也有同样的表现。1947年他发表声明说,伊万于1943年在犯人起义中被几个犯人冲进宿舍用铁锹杀死了。1987年他又说,采访者误解了他的意思,是别人告诉他伊万已经死了。可是后来公布的1944年档案中,罗森堡声称他自己亲眼看见伊万死了。我们应该相信谁呢?是1944年的罗森堡,还是

1947年或者1987年的罗森堡？

我们的记忆并不那么可靠，尤其是在我们处在极端的环境下。这就是心理学家瓦格纳要为德米扬科辩护的原因。那么那些证人们说谎了吗？没有，他们只是犯了一个错误。真正的过错在于当时举证的程序组织得不尽合理。要克服证人记忆可能带来的误差，恐怕还要有一套精确、审慎、严谨的程序保证才行。

失去比得到更让人心动

> 一个人加薪时他可能不会在乎什么，但如果要减薪时问题就来了。人们对所损失的东西的价值估计高出得到相同东西的价值的两倍。

20世纪50年代，美国普林斯顿大学心理学教授卡尼曼发现了一个常识谬误。他当时负责辅导飞行员的心理训练。按常识而言，奖励是比惩罚更好的一种训练方法，事实上却是受表扬的学员在下一次飞行中通常表现不如原来，而那些受到批评的人往往有所进步。同样程度的表扬似乎没有批评给人留下的印象深刻。

由此，卡尼曼发现了一个有趣的心理现象：人们对同样数量的损失和赢利感受相当不同。简单地说，就是丢掉10元钱所带来的不愉快感受要比捡到10元钱所带来的愉悦感受强烈得多。比如，一个人加薪时他可能不会在乎什么，但如果要他减薪时问题就来了。在可以计算的大多数情况下，人们对所损失的东西的价值的估计是得到相同东西的价值的两倍。

我们可以用实验来证明这个：

假设先给你1 000元，你面临着两种选择：（1）保证你再得到500元；（2）让你抛一枚硬币，如果正面朝上你将再得到1 000元，否则就什么也不再给你。你会如何选择？

假设先给你2 000元，你面临两种选择：（1）肯定会让你损失500元；（2）让你抛一枚硬币，如果正面朝上你将损失1 000元，否则就不用损失一分钱。你将如何选择？

大多数人在第一种假设的时候都选择了第一项，而在第二种假设的时候选择了第二项。其实在这两种情况中，不管哪种选择，从概率上讲你的净收入都是1 500元，其实都是出于厌恶损失的心理。

所以在股票市场上，很多投资者往往会死死抱住亏钱的股票不放，而对于正在上涨的股票他们坚守的信念却不足。这正是因为他们非常厌恶损失，总是抱着微弱的希望等着那些亏钱的股票涨回来，而对于前景良好的股票却急于出手，入袋为安。

其实在人们的日常生活中，总是免不了各种意外的小小损失，比如说驾车超速被罚款，手机丢失要重新买，水电费涨价增加开支，等等。这些损失虽然不大，可是也够让人心烦的。

有位金融学教授采用的一种聪明的方法也许值得我们借鉴。每年年初，他慷慨地拿出一笔钱来捐助一所教堂。不过，这笔钱并不是全都给教堂，这一年中将要发生的所有不愉快的事都会从捐助的预算中扣除，最后教堂只得到账户中剩下的钱。这样，他再也没有损失的烦恼，从斤斤计较中摆脱出来了。

智囊团犯了大错误

> 美国有史以来最为出类拔萃的智囊团，却制订了一个荒唐而又糟糕的计划，最后导致了惨重的失败。很有可能三个诸葛亮还顶不上一个臭皮匠。

尴尬的肯尼迪

1961年4月18日，就职不满三个月的美国总统肯尼迪度过了一生中最难熬的一天。就在17日凌晨,一支由古巴流亡分子组成的雇佣军在美国海空军的支援下突袭古巴,登陆猪湾,孰料遭到了迎头痛击,古巴军队迅速控制了局势并转守为攻。由于没有完备的撤退计划,入侵者被分割、包围、全歼。经过72小时的战斗,美国雇佣军被击毙114人,俘虏1 113人。这就是震惊世界的猪湾事件。

在批准这次行动之前,肯尼迪的智囊团事先告诉他,这次入侵经过了精心周密的策划,万无一失,一定可以把那个讨厌的卡斯特罗赶下台。然而,军方后来检讨这件事时,发觉整个计划在军事上是很勉强的:突击队人数太少,空军飞行员太少,替换疲劳的领导者的副指挥人员太少,补充战斗伤亡人员的后备兵太少,而遇到的意料不到的障碍则太多。那些顽强作战的雇佣军最后居然因为缺乏弹药而束手就擒,在他们身后原本有一条货轮载有足够十天之用的弹药补给、通讯设备、食品、药品,却在登陆当天清晨就被卡斯特罗的小小的空军部队击沉于近海。这就足以看出这个入侵计划有多么大的漏洞。

智囊团还告诉他,这看起来只会是一次古巴流亡者的起义,绝不会让美国卷入此事。可是猪湾事件发生的第二天,苏联立即作出反应,要求美国停止对古巴的侵略,并声称将帮助古巴反击侵略。美国政府被迫声称,美国没有支持推翻卡斯特罗的行动。肯尼迪总统不得不在美国大众面前公开承认猪湾事件是一件绝不能再发生的错误,然后声称对该事件负全责。这起事件让美国政府大为难堪,成为世界媒体嘲讽的对象。

一群聪明人做傻事

当时肯尼迪的总统班底被认为是美国有史以来最为出类拔萃的,然而他们却制订了一桩荒唐而又糟糕的计划,最后导致了惨重的失败。为什么会这样?美国著名心理学家欧文·贾尼斯给出的答案是:他们掉进了"群体迷思"的陷阱。

群体迷思是指群体在决策过程中为了追求高度一致,忽视并抵制少数人的观点,从而达成错误决策的现象。一般人认为集体决策能够集思广益,然而多数情况中,当人们聚在一起时却并不能自如地发表自己的见解，而倾向于人云亦云。

有些领导者为了打造富有战斗力的团队，在潜意识里总是期望自己能一诺百应、令行禁止。大家意见一致被看做是团队有凝聚力、领导有魄力的表现，持不同意见者迫于形势不敢发出自己的声音。

有些内聚力极强的团队则可能产生群体幻觉，高估自己团队的思维能力和判断能力，认为自己群体既定的方案会获胜。意见的过分一致往往淹没了真实的、有价值的反对意见，当他们对于议题有疑虑时总是保持沉默，忽视自己心中所产生的疑虑，认为自己没有权力去质疑多数人的决定或智能。

他们常常过分自信和盲目乐观，忽视潜在的危险及警告，一旦作出决策，更多的是将时间花在如何将决策合理化，而不是对它们重新审视和评价；他们倾向于认为任何反对他们的人或者群体都是邪恶和难以沟通协调的，故此不屑与之争论。

在猪湾事件的决策中，肯尼迪的智囊团就有相似的"集体幻觉"现象：重要的情报资料被忽视，有价值的不同意见被压制，而一些错误的偏见却被一再强调，这都导致集体作出错误决策。肯尼迪的一个顾问后来回忆道："我们的会议在奇妙的、伪装一致的气氛中进行。假如有一个高级顾问反对这项冒险，我相信肯尼迪总统也许会取消它。但是，没有一个人反对它——在猪湾事件以后的几个月，我痛苦地责备自己在内阁会议室中那些关键性的讨论中保持沉默。"

美国政治史上许多错误的决策都是缘于决策前总统内阁核心成员的群体迷思，比如珍珠港事件、朝鲜战争和越南战争。

虚假的共识

很多时候，即使没有一个特别强有力的权威，一个集体也有可能作出所有成员都不想要的决策。美国心理学家哈维向人们讲起过他的一次生活经历：

在得克萨斯州科尔曼城7月的一个下午，天气燥热，高温40度。但这个下午还是可以忍受的，后廊上有风扇送风，喝着冰凉的柠檬水，用多米诺骨牌作为消遣，我的岳父突然说："我们去阿比勒尼吃晚饭吧。"

我想："去阿比勒尼？53英里啊。冒着沙尘暴和酷热？同时开着没有空调的1958年别克车？"但我的妻子附和说："听上去是个好主意，我想去。你呢，杰里？"显然我的意见和他们不合拍，但我应道："我没问题。"我又补充一句："我只希望你妈妈乐意去。""当然我想去，"我岳母说，"我好长时间没去过阿比勒尼了。"

于是，我们上车前往阿比勒尼。天气酷热难当，我们身上裹满了尘土和汗，餐厅的食物平庸无奇。大约4个小时，往返共106英里后，我们回到了科尔曼，又热又累。我们在风扇前坐了好长时间，沉默不语。后来，为了打破沉默，我开口说："这次旅行挺棒的，是吧？"

没有人答话。我的岳母有些生气地说："说实话，我不觉得好在哪儿，我宁愿待在这儿。我是因为你们三个人都特想去才去的。如果你们不逼着我去的话，我才不会去呢。"我难以置信："你说你们是什么意思？我和'你们'可不是一伙的。我压根儿不想去。我只是想满足你们几个的要求。你们才是罪魁祸首。"

我的妻子大为震惊："别这么说我。是你和爸爸妈妈想去。我是想有礼貌些，好让你们高兴。如果在这么一个大热天还想出去，我真是疯了。"她爸爸大叫："天哪！我从来没想去阿比勒尼。我只是觉得你们可能烦了闷了，我想确定你们是不是想去。其实我更想多玩一局多米诺，然后吃冰箱里剩下的食物就行。"

在互相指责之后，我们又归于沉默。我们四个都是相当理智的人，却在大漠里灼热的天气中冒着沙尘暴违心地跑了106英里，只是为了在阿比勒尼一家蹩脚餐厅吃蹩脚食物。整件事情太荒谬了。

这个故事被哈维总结为"阿比勒尼悖论"，相信很多人都遇到过。在讨论中，某位成员试探性地提出了自己的看法，其余成员虽然觉得不妥，但环顾四周，发现无人提出反对意见，于是最初的提议就成为了最后的决议。众人心中虽然各自叫苦，但也不敢冒天下之大不韪而公开反对。直到计划开始实施，团队已经开始为错误的决策付出代价，成员才忍不住提出自己的真实想法，但为时已晚，错误已经铸成。

怎样走出迷思

那么怎么才能走出"群体迷思"的陷阱呢？贾尼斯认为，首先，领导人应该努力做到公正，并培养一种公开咨询和讨论的气氛，使大家能够畅所欲言，充分发表自己的意见。其次，集体也不能过于团结，必须制造出合理的冲突。假如冲突是发生在一种彼此融洽的气氛中，最后就能作出优秀的决策。再次，应请"局外的专家们"对群体成员提出挑战，对最后的决定方案进行评价或提出看法，以期给群体带来新的思路。最后，在达到共同的意见之后，应该安排一个"第二次机会"的会议，使得群体成员能够将萦绕在心头的困惑和保留意见表达出来。

在猪湾事件发生后不久，苏联领导人赫鲁晓夫认为肯尼迪不过是个花花公子而已，便大着胆子把导弹运进古巴，制造了"古巴导弹危机"。这次肯尼迪的智囊团吸取了教训，他们作出的第一反应是立即采取军事对抗，可是随后仔细地考虑了应该采用的军事措施的形式，最终转而决定实施海上封锁，终于成功地化解了这次危机。

三个臭皮匠未必顶得上一个诸葛亮，很有可能三个诸葛亮还顶不上一个臭皮匠。集体决策常常影响巨大，更应该慎之又慎。

跟精神病院开个玩笑

> 说你是你就是，不是也是！被贴上标签的人和国家百口难辩，就像那些被送进了精神病医院的倒霉蛋一样。

你有没有想过自己有一天可能会被看做一个精神病人？你一定会立刻回答，不可能，我的神经正常得很。可是近几年，正常人被送精神病医院的事情都屡次出现。1998年，哈尔滨一个老汉因为不断上访被送进精神病院待了 37 天；2003 年，重庆的一个女医师被丈夫送进了精神病院，并且在此后的 3 年中四度被当做精神病人收治；2007 年，南京的一个富翁也被妻子和女儿强行送进了精神病院。

面对这些令人又好笑又恐惧的故事，人们纷纷指责精神病院的收治制度有问题，如此轻易地就能变成好人的"黑牢"。可是，也许我们更应该质疑是，这精神病的诊治到底有准没准啊？

精神病院颜面扫地

1973 年，美国斯坦福大学心理学系的教授罗森汉恩博士也同样在琢磨这个问题。他决定跟精神病院开个玩笑。

罗森汉恩博士招募了三女五男一共八个志愿者扮演假病人，他们分别是一位二十多岁的研究生、三位心理学家、一位儿科医生、一位精神病学家、一位画家、一位家庭主妇。所有的假病人都告诉精神病医院的医生，自己很多天以来一直"幻听"：这些声音时隐时现，时大时小，好像在说"真的"、"假的"、"咚咚咚"。但是除了这个症状以外，他们所有的言行完全正常，并且给医生的信息都是真实的（除了自己的姓名和职业外）。结果，他们八人中有七人被诊断为狂躁抑郁症。

被关入精神病医院后，这八个假病人的所有行为立刻都表现正常，不再幻听，也没有任何其他精神病理学上的症状，但是却没有一个假病人被任何一个医护人员识破。当假病人要求出院时，由于他们已经被贴上"精神病"的标签，医护人员都认为这些病人是"妄想症"加剧。

心理学家们发现，当一个人被贴上精神病人的标签以后，医生和护士就尽量避开病人，对病人的任何要求要么置之不理，要么严厉斥责；女护士甚至不系制服纽扣，大白天当着满屋子男病人的面调整自己的内衣，好像他们根本不存在。最不可思议的是，病人们正常的举动在医生和护士的眼里开始变得不正常，甚至发明了一些精神病学上的新名词来描述这些假病人的严重"病情"：假病人与人聊天被称为"交谈行为"，做笔记被称为"书写行为"，一一记录在他们的病历中。

很显然，在医生们的脑袋里已经形成的"他们是精神病人"这样一个观念影响了他们作出客观判断，他们会将这些伪装的精神病人的行为往符合他们既有观念的方向解释和扭曲。反而是精神病院里面真正的精神病人看出他们不对劲，有一个家伙偷偷趴在志愿者耳边说："你不是精神病人，你肯定是记者或教授。"从志愿者们申请出院起，他们一直表现出正常行为20天以后才得以离开医院。

这样的实验结果公开之后，在精神病学界引起轩然大波。精神病专家们被他们的这次实验激怒了，觉得尊严受到了挑战，于是悍然下战书：接下来的3个月内，你们尽管派人过来装病，我们一概用火眼金睛将其识破。结果3个月之后，精神病专家们信心满满地说他们识别出193人是假病人。可是实际上，罗森汉恩这个狡猾的魔鬼根本一个假病人也没派到医院去！

这个心理学实验有力地证明了在医院机构中正常人不能与真正的精神病人区别开来。罗森汉恩说，这是因为过于强大的精神病机构影响了医务人员对个体行为的判断。一旦被作为精神病人进入这种机构，他们就有一种定势："如果他们来这儿，他们一定是疯子。"

贴上标签你就是

除了让精神病院声名扫地之外，这个实验更揭示了人们心理上的一个特点："贴标签"。当一个病人被贴上"精神分裂症"的标签后，精神分裂症就成为他的核心特征，不管他做什么，那肯定都是精神病的症状。而对普通人来说，这也是一样，一旦某人被认定具有某种行为倾向，那么在人们的眼中，他的一切行为都具有这种倾向。

而当你给别人贴上标签后，你也不太可能客观地看待别人的一举一动了。中国古代的寓言故事"智子疑邻"说的就是这种现象：一个猎人丢了一把斧子，他怀疑是邻居偷的。他看到邻居后，越看越觉得邻居像个小偷，他走路的样子、说话的神气、干活的背影，就连他的笑容也都透着贼气。第二天，斧子找到了，原来是自己不小心丢在了山坡上。这时他再去看邻居，怎么看也不觉得邻居像个小偷了。

美国人在外交政策上就很喜欢有意无意地像精神病医生一样"贴标签"。通过给一些对立国家贴上各种标签，强化世人眼中这些国家的负面形象，在潜移默化中让世人逐渐形成对这些国家的定向认识，并进而否定这些国家的一切行为，不管你是善意的还是恶意的，合情合理的还是另有图谋，都一律斥为包藏祸心。

2002年，布什不失时机地提出了"邪恶轴心"论调，指称伊拉克、伊朗和朝鲜是"邪恶轴心国"。在此前后，无赖国家、失败国家、暴政前哨国等称呼也不断出现在布什政府要人的演讲和谈话中。

布什政府言之凿凿地指出，伊拉克与"9·11"事件有密切关系，伊拉克藏有大规模杀伤性武器。贴上这个标签之后，伊拉克的一切行为都显得好像是图谋不轨一样。而今，伊拉克战争过去多年了，萨达姆和基地组织的关联却难以证实，萨达姆拥有大规模杀伤性武器的证据也不见踪影。对伊朗和朝鲜也是这样，自从提出了"邪恶轴心国"论调之后，美国对它们的政策一直基于这个判断。美国不愿意同这两个国家单独谈判，而在外交上的封杀却丝毫没有减少。

说你是你就是，不是也是！被贴上标签的人和国家百口难辩，就像那些被送进了精神病医院的倒霉蛋一样。如果不是有意想要混淆是非的话，也许我们在给别人下定论之前应该小心谨慎一些，因为冤枉好人真是太容易了。

自卑的皇帝杀人如麻

> 朱元璋为什么如此残暴？究竟是什么挑动着他的杀机？从心理学上讲，这是因为他极度自卑，难以承受挫折所导致的。

嗜杀成性的开国皇帝

开创大明王朝的朱元璋无疑是一个杰出的政治家。他青年时参加红巾军，屡立战功，逐渐成长为起义军领袖，最终推翻元朝统治，扫除其他豪强，41 岁的时候便一统天下。

可是他却又是历史上公认的暴君，杀人如麻。1380 年，因为丞相胡惟庸犯法，朱元璋肆意株连，延续 10 年之久，诛杀 3 万多人，其中包括 20 多个功臣宿将及其家人。13 年后因大将蓝玉犯法，又连累 1.5 万多人被诛杀。接着，他又对自己的功臣们痛下杀手，逼徐达食他所赐蒸鹅死去，再逼傅友德自杀身亡，又诬廖永偷穿龙袍下狱致死，连赋闲在家的冯胜也难逃死亡厄运。在短短 18 年中，朱元璋就将当初随他一同打江山的剩余元老一一铲除。虽然开国皇帝滥杀功臣在中国历史上屡见不鲜，但是像朱元璋干得这么彻底的实属罕见。

朱元璋还发明了许多惨无人道的刑罚。死刑中凌迟是最野蛮最残酷的一种，其余有刷洗、秤竿、抽肠、剥皮。此外还有黥刺、阉割、挑膝盖、锡蛇游等种种名目的酷刑。野蛮残暴的程度超过了历史上任何帝王。

朱元璋为什么如此残暴？究竟是什么挑动了他的杀机？从心理学上讲，这是因为他极度自卑、难以承受挫折所导致的。

挫折引发攻击

人类常常会对同类发起攻击，小到揶揄辱骂，大到斗殴屠杀。这种行为为什么会发生？人们进行过很多探讨。

上个世纪 30 年代末，美国耶鲁大学心理学家、人类学家多拉德等人提出"挫折—侵犯"假说。他们认为，攻击行为乃是个体遭受挫折引起的。如果一个人胆小怯懦，认为挫折是不可避免的，放大自身的痛苦，将挫折与失败归结为自我因素，以自我虐待的方式理解挫折和失败，就易产生自杀或自残的冲动和行为；如果一个人性格中具有反抗、暴力和易怒素质，就会将挫折与失败归结为外部原因，从而放大对他人、对社会的仇视，产生系列的凶杀和报复行为。

每个人都可能遇到这样或那样的挫折，但是不同的人面对同样的挫折其耐受力可能是差别很大的。耐受力低的人，对一点点挫折便会产生情绪反应。这种人要么是被父母过分溺爱的青少年，要么就是过分自卑的人。

攻击的发生强度与欲求不满的量成正比，挫折越大，攻击的强度也越大。从经济情况看，穷困者的挫折要比富裕者的挫折大，因此，穷困者的犯罪率也大；家庭地位低下的人、身体有缺陷的人、种族受歧视的人等都挫折较大，所以攻击行为也多。

自卑的皇帝

对照来看，朱元璋非常符合挫折—攻击的条件。

朱元璋一直对自己的出身很自卑。他大概是中国古代出身最为贫贱的皇帝了，出生于一个极度贫苦的家庭。父母双双死于瘟疫，他很小就成了孤儿，放过牛，当过干粗活的小和尚，天下大乱时又被迫落草为寇。他曾经想与儒学家朱熹攀亲戚，也想方设法提高农民的地位，他还用迁移人口的方法来消灭豪族，试图使朱家成为中华大地唯一的豪族。

朱元璋对自己没受过什么教育也很在意。因为自己没有学问，他便对有学问有才能的人嫉妒得发狂。他总觉得所有文字的背后都有可能暗藏着数不清的挖苦、揶揄和讥讽，于是屡兴文字狱，许多读书人死于非命。

朱元璋甚至对自己的长相也自卑。今天流传下来的朱元璋画像有两幅。一幅很丑陋，一张瓢把子驴脸，双眼深陷，脸长嘴阔，且脸上长满了麻子，望上去杀气腾腾。另一幅很和善。前者是真实的描绘，画家当时就被杀掉了。后来的画家见势不妙，把他好好地美化了一番，这才保住性命。

按理说，朱元璋由一个贫僧一跃成为一个庞大国家的开国皇帝，本该像秦皇汉武、唐宗宋祖那样对自己充满信心才是。可惜朱元璋是越老越自卑，他始终忘不了自己曾经是个穷光蛋、是个求人施舍的和尚、是个丑八怪。于是，他在待人处世中多疑成性，过分敏感。一旦发现臣下犯了一点点罪过——这也可以看做是一个皇帝可能遭遇的挫折，即使是他臆想出来的，朱元璋都要举起屠刀发动攻击。就这样，朱元璋变成了一个杀人如麻的暴君。

朱元璋是被自卑和挫折扭曲的一个极端例子。其实在挫折之下表现出攻击性的人很常见。2004年震惊全国的马加爵事件便是如此。马加爵内心自卑、孤僻，在学校的挫折感比较强，行为上表现得极度冲动、好斗，最后因为琐事杀害了四名同学。同样的例子还有1963年刺杀美国总统肯尼迪的奥斯沃德，他做这件事本身是没有什么政治目的和个人好恶的，也是因为他身材瘦小、长相丑陋，自幼又缺少关爱、缺乏教养，同时婚姻失败使他极度自卑，于是决定去枪杀在事业、家庭、财产方面都获得极大成功、与他的境遇有天壤之别的肯尼迪。

挣扎在挫折下的人们

即使是心理较为正常的人们，也难免在挫折之下做出攻击行为。比如说令各国都头痛不已的足球暴力：场上球员在对抗中落了下风，尤其是被人带球骗过的时候，就很容易采取出格的犯规动作；场外观众在自己支持的球队失利的时候，也很容易发生骚动。再比如警察对嫌疑犯的刑讯逼供，也常常发生在审讯一无所获、案件侦破很难取得进展的时候。

有些学者还用挫折—攻击理论来剖析近些年来令西方各国寝食难安的恐怖活动。他们认为，恐怖主义活动之所以会发生，是源于恐怖组织与恐怖分子心理上的受挫感。大部分单独行动的恐怖分子在个人事业或生活中都有过失败遭遇，比如2003年在韩国地铁里纵火造成198人死亡的金大汉，他就是一个忧郁的失去工作能力的残疾人。本·拉登领导的基地组织之所以对美国发动袭击，是因为伊斯兰世界在国际政治、经济上遭到了歧视和不公正、不平等待遇。而英国的"爱尔兰共和军"、西班牙的"埃塔"、印尼的"自由亚齐运动"则是因为他们谋求地方独立的目标受阻，于是悍然出手。

我国近代历史上影响深远的"五四运动"当然不能与恐怖、暴力活动同日而语，不过它同样是因挫折而起。第一次世界大战结束后，中国以战胜国的身份参加巴黎和会。公众渴望借此收回青岛及各种主权，然而这些权益却被列强转交给了日本。原本很高的期望在被愚弄中宣告破灭，强烈的挫折感必然引起整个社会大范围的"攻击性反应"。于是青年们罢课罢工，游行示威，痛打外交官，火烧赵家楼，席卷全国的"五四运动"突然爆发了。

人是一种非常复杂的社会动物，难以捉摸的情感常常会战胜理智，导致人类做出种种可怕的事情。我们对自己了解得越多，也就越能战胜自己。

小心，到处都是阴谋！

> 爱国可嘉，但还请放松心态，加强民族自信心。世界不再是原来的世界，不要再用自己虚构的"阴谋"来折磨自己了。

惨剧为何发生？

2006年9月2日，广州中山大道的一座过路天桥上发生一幕惨剧。一名男子莫名地抱起一过路的3岁女孩，满怀愧意地对女孩的妈妈说了句"大姐，对不起了"，便将小女孩从6米高的天桥抛下。更奇怪的是，见到天桥下围满过往路人，他自己也立即跳下天桥，后不治身亡。

这件事当时在社会上引起了广泛的关注。人们为小女孩无辜惨死而惋惜不已，同时又纷纷追问，凶手为什么要这样做？为什么行凶后自己又跳桥？

根据调查，该名男子家中条件很差，从小就性格内向。来广州打工前父母坚持把2 000元钱塞给了他，谁知刚一来到广州就被黑中巴上的拉客仔将钱骗走，还遭到追打。他到治安岗亭呼救，却没人理睬，然后他突然两次用头去撞治安岗亭的墙，头破血流之后躺在马路中间大喊："有人陷害我！要杀我！各位大哥大姐快帮我报警救救我！"警察和治安员将他拉起来，护士想将他带回医院，他却说："你

们是假的，你们想追杀我！"一个钟头之后，他走上天桥，抱起了那个3岁的小女孩……

　　有心理学家分析了凶手生前的经历之后说，他患上了"被迫害妄想症"。顾名思义，患有这种精神疾病的人通常会草木皆兵，无论在什么地方总觉得有人要害你，干什么事情都好像有人监视着你，而且看到的每一个人都觉得他们是不怀好意的，就连吃饭、喝水都会害怕有人在里面下毒。严重者甚至认为素不相识的人、亲友皆已被收买，自认为求助无门，四面楚歌，找不着一个可信赖的人。

　　产生妄想症的人往往有着特殊的性格缺陷，如主观、敏感、多疑、缺乏自信、以自我为中心。如果再遇上生活上挫折频频，压力陡增，失去了安全感，导致对外界的极度不信任，就可能产生被迫害妄想症。

　　上述这名男子家境贫寒，初到广州难免内心有些自卑，容易把一些小的威胁放大，把一些小困难也放大。父母的血汗钱被骗，自己的生命又遭到更严重的威胁，寻求保护与帮助的希望却落空后，长途奔波时激发出来的高度戒备心理加上被骗、被追打的遭遇，他突然感觉到竟没有一个人愿意保护自己、帮助自己是个不能改变的现实，他开始处于某种妄想状态，变得愈发不安，似乎正看到、正听到别人就要攻击自己，甚至就正在追杀自己。患有"被害妄想"的人往往会有一种发泄、逃避和躲避的行为，而且这个时候他想侵害的对象会是一个相对于他来说较弱小的人。于是，他将陌生的小女孩扔下了天桥，而自己也在绝望中跳了下去。

发疯的皇帝

　　在我国，被害妄想的发病率已经超过总人口的千分之三。历史上甚至有些皇帝也有这种精神病。明朝最后一个皇帝崇祯就是一位。

　　崇祯不像以往的亡国之君那么昏庸荒淫，而是面对危难时局勤于政事，励精图治，一度被朝野誉为"明主"。可是就是这位"明主"，居然把镇守边关的辽东巡抚袁崇焕以"谋叛"大罪凌迟处死，这是继南宋赵构冤杀岳飞之后历史上最令人扼腕叹息的一起令亲者痛、仇者快的自毁长城的冤案。

袁崇焕绝不是崇祯皇帝唯一的刀下之鬼。崇祯在位 17 年，所戮大臣不计其数，其中总督有 7 人，巡抚有 11 人。内阁重臣更频繁替换如走马灯，先后用了近 50 人，最后居然满朝无可撑局面之人。他对朝中大臣没有一个不存戒心，这种多疑多忌使他与臣下之间筑起了一道无法填补的鸿沟。直到临死之时，他还认定自己的天下是亡在误国之臣手中。

崇祯皇帝的这种被迫害妄想与他所处的环境有关系。刚登上皇位时的崇祯就像是坐在一座正喷薄着愤怒与仇恨的火山口。饿殍遍野的陕西已燃起饥民起义的星星之火，更大的农民风暴正在酝酿。而长城关外的东北，满洲贵族早已崛起，八旗铁骑正虎视眈眈地觊觎着关内。他的朝廷正处于一个连恶贯满盈的坏人都满口仁义道德的虚伪时代，一面是卑劣行径让人作呕，一面却是圣人言辞的滔滔不绝，用迂阔的道德说教影响着皇帝的意志。

崇祯统治的 17 年，就是不断与大臣们对抗挣扎的 17 年。在这种困境之下，崇祯的被迫害妄想逐渐产生，最后发展到认为一切皆归于"士大夫误国家"，开始失去理智地痛下杀手。

整个民族都疯狂

皇帝的被迫害妄想症令人感慨，但更可怕的是，有时候一个民族也会集体患上被迫害妄想症，做出种种可怕的事情。

上个世纪 50 年代，美国麦卡锡主义的"共产主义阴谋论"掀起了一波又一波所谓"揭露和清查美国政府中的共产党活动的浪潮"，乱扣红帽子，上至政府要员下至平民百姓，人人自危，甚至喜剧大师卓别林、"原子弹之父"奥本海默也不能幸免。图书馆也纷纷查禁甚至焚毁任何可疑的书籍和杂志，包括关于雕塑、精神病、酒类、托幼和建筑的专著以及侦探小说，甚至还有爱因斯坦的《相对论》，连一本介绍苏联芭蕾舞的书也因为提到了"苏联"而被麦卡锡主义分子付之一炬。

患了"被迫害妄想症"的民族与患这种病症的病人一样，首先本身就喜欢以自我为中心，觉得世界上发生的一切事情都是针对自己的。一个处在封闭环境里、缺乏开放心态的民族最容易产生这种心态，如果再加上国际环境出现难以控制的压力，便有可能抓住一些极为脆弱的事实充当蓄意谋害它的证据，总认为有国家要加害于它。

麦卡锡主义甚嚣尘上的时候，冷战刚刚开始。1949年，苏联发射了一颗原子弹，打破了美国的核垄断。1950年的朝鲜战争，美国在中、苏两大共产党国家面前又没能讨得便宜，甚至全世界都出现"东风压倒西风"、社会主义思潮压倒资本主义思潮的局面。失去了自信心的美国人因此陷入了草木皆兵之中。而当20世纪50年代以后，苏联在占领奥地利的问题上作出让步，并且和联邦德国建立起外交关系，美苏关系大大缓和，麦卡锡主义也就随之消失了。

20世纪六七十年代的中国与麦卡锡主义泛滥时期的美国也很相似，但所受的压力比美国大得多。"美帝"、"苏修"都跟我们翻脸，国家处于封闭状态，自然而然患上被迫害妄想症。80年代改革开放以后，中国的国际环境大大改善，那种全民警惕外来侵略的气氛立刻就消失了。

过于警惕的国民

如今，我们的国家早就以开放、自信的心态拥抱国际社会，可是有一些国人却始终丢不开当年的"被迫害妄想"，总是假设全世界都是中国的敌人，老美每天不琢磨自己的国民有没有饭吃，成天琢磨咋让中国人饿肚子……2003年非典型肺炎疫情蔓延的时候，"非典可能是美国针对中国的基因武器"的论调在不少媒体上被炒得沸沸扬扬；中国房价飙升，又有人说是美国有意炒作，想要毁掉中国经济，结果美国的房地产跌得稀里哗啦，中国的房价还屹立不倒；奥运期间，阿迪达斯播出这样一则广告：足球运动员踏着一群呈灰色的人头轻松带球前进，跳水运动员从人梯组成的跳水板高空跃下面灰色的、伸出长手的人潮，明明是表现千百万中国人承托起中国体育明星，鼓励其在北京奥运为国争光，却被说成是美国嘲讽中国人搞个人崇拜。

这些人整天疑神疑鬼，不断地揭发帝国主义亡我之阴谋，究其原因，也许是因为中国人曾经受过一百多年的屈辱，外国人在中国土地上的血腥暴行给不少中国人心灵上留下了永远的伤疤；不少人则在这长期落后与挨打中生出一种"弱国自卑心态"，即使中国早已不是任人宰割的东亚病夫，他们也仍然没有安全感，仿佛外国人都是"列强"，随时都会颠覆、侮辱中国，遇到一点小事他们的第一反应就是"帝国主义阴谋"。

对于这些人，我们只能说爱国可嘉，但还请放松心态，加强民族自信心。世界不再是原来的世界，不要再用自己虚构的"阴谋"来折磨自己了。

"爱国"爱到变成"贼"

> 爱国是人类普遍存在的本能，是一种高尚的情操。可是有一些黑暗的甚至恶的东西，却因"爱国"这一大义名分以最高的善的面目出现。

史学专家挨了一耳光

2008年10月的一天下午，74岁高龄的清史专家阎崇年在无锡新华书店为读者签名售书。这位老学者曾经在中央电视台10频道的"百家讲坛"节目中主讲《正说清朝十二帝》，妙语连珠、疏瀹理脉、拨云见日地娓娓道来，竟然创下了10频道收视率历史之最。许多观众听闻阎崇年到无锡来签名售书都纷纷赶来，排队等候。当轮到一位男子签名时，该男子趁阎崇年低头之际，在老人的脸上掴了一巴掌。在场的人都愣住了，工作人员迅速将此人制服带走。

清史专家被打，这件事一时在全国传得沸沸扬扬。据这名网名为"大汉之风"的男子自己表示，之所以要袭击阎崇年，是因为阎崇年在电视上把清朝讲得太好了。而他认为辽、金、西夏、元、清，以及"南北朝"中的"北朝"（不包括隋）等都不是中国政权，元、清两朝更是中国的亡国史。满族入主中原建立清朝是一次侵略，是中华文明的倒退，使中国落后于西方。阎崇年那样赞赏清朝，显然属于汉奸之流，所以要打。

"大汉之风"显然是一个爱国爱到骨头里的青年，见到"汉奸"就手痒，对他认为的造成了近代中国百年耻辱的清朝也恨之入骨。但撇开他的历史观点正确与否不谈，仔细分析一下，他的言行实在非常愚蠢。因为爱国，他痛斥"害"了中国的清朝，甚至将满族入关与日本侵略相提并论。可是满族并不是日本，而是我们56个民族大家庭中的一员。明清改朝换代时的杀戮也早已过去360余年。这个时候大谈汉满仇恨，撕开历史的伤口，把假问题变成真问题，把死问题变成活问题，岂不是要给中华民族制造内讧？这个世界上种族内战造成的国家分崩离析、生灵涂炭的事情还少吗？前南斯拉夫的科索沃战争就是一个最典型的例子。

拘留所里的"大汉之风"也许会被自己的"爱国行为"所感动，但是他其实正在做着毒害他的祖国肌体的事情，可以说是个"爱国贼"。

"爱国"的独裁者

听说过爱国者，可什么叫"爱国贼"呢？所谓"爱国贼"，是指打着爱国旗号危害国家和人民利益的人。

对于古今中外的野心家、阴谋家、专制统治者而言，爱国主义真是一面极堂皇极趁手的旗帜、幌子。有了这面旗帜，他们既可以在自己已经丧尽人心、统治不能照旧进行下去时利用爱国主义口号来蛊惑人心，摆脱困境，又可以把自己打扮成民族代表和英雄，煽起民族主义狂热，让人民心甘情愿为他们的野心卖命。

第一次世界大战的起因是奥匈帝国皇储被刺，于是德、奥两国借机挑起本国民众的"爱国情绪"。在同盟国统治者的阴谋策划下，在"爱国民众"的支持下，第一次世界大战就热热闹闹地开场了。大战的结果使整个世界损失惨重，当然也使得德、奥等国家垮台，人民遭殃。

第二次世界大战也是"爱国贼"造的孽。希特勒上台后，狂热地煽动排外的情绪和民族主义的狂热，所有的反对势力和自由派组织都遭到禁止。到1934年夏天，全德国只剩下一个合法的党，那就是希特勒的纳粹党，无数知识分子遭到迫害，像爱因斯坦这样的科学家也被迫逃亡美国。最终，德国的民族主义狂热走上了与世界人民和世界和平直接对抗的不归之路。第二次世界大战过去60多年了，德国人对爱国主义仍心有余悸，甚至悬挂国旗仍然被认为是一种禁忌。

受到"贪渎"指控的陈水扁，不也正在用"爱台湾"、"洗钱是为了台独建国"这样的理由向"台独"支持者们喊冤的吗？而"台独分子"们在"爱台湾"这样的大口号之下，竟然也能够接受这种可笑的解释，支持这位贪腐领袖与司法对抗。

"不爱国"的大帽子

"爱国贼"们最擅长的是给持不同意见的人扣上"不爱国"的帽子。

19世纪的德国在欧洲国家中是政治上最落后、最专制的。诗人海涅致力于揭露德国的腐败和堕落，讽刺德国人的奴性，又致力于向德国人介绍法国的政治、社会、艺术和文学，致力于消除法、德两大民族之间的隔阂。而对他恨之入骨的德国政府给他安的罪名就是"不爱国"，就海涅青年时代崇拜过拿破仑而诋毁他"无祖国观念"，就海涅接受法国政府年金一事而诋毁他被法国收买，就海涅揭露德国的黑暗、讽刺德国君主而诋毁他污蔑德国的贞洁。

晚清朝廷也有过类似的做法。外交家郭嵩焘是第一个全面、实际接触西方文明的政府官员。他参观了英国的工厂学校、政府机构和议院后，写了一部《伦敦与巴黎日记》，向国内介绍西方先进的政治管理概念和政治措施，称赞西洋政教制度，对中国政府提出效仿宪政的建议。但他的书寄回中国后却被满朝士大夫误解，招致保守的爱国人士的仇视，要求将卖国贼撤职查办。攻击者所拟的郭嵩焘的罪状中很

多会让今人瞠目结舌,比如郭氏应邀参观外国炮台,突遇气候变化,英国提督见他年迈便将自己的衣服披在了郭氏的身上,很自然的一件事情,攻击者却喝道:即便冻死也不应当披洋人的衣服。这等荒谬的言论因为附上了"国体"、"尊严"等华丽外衣,在"爱国贼"们那里却成为一枝枝利箭,坐实了郭嵩焘"汉奸"的罪行,使之壮志未酬抑郁而终。

加入黑社会不是件容易的事

> 与不费吹灰之力就能得到的那些东西相比,人们更加珍惜那些来之不易的东西。这也许是人性的共同弱点吧。

神秘的骷髅会

在美国著名学府耶鲁大学里,有一个神秘的社团——骷髅会。与学校中其他社团不同,骷髅会不参与校内或社会上的任何公开活动,始终保持着沉默的姿态,只是每年从三年级学生中挑选15名新会员。在170多年的时间里,这个社团中走出过三位美国总统,两位最高法院首席大法官,几十位内阁成员,上百位参议员和众议员,而美国中央情报局更是会员们的天下。美国前总统布什一家三代都曾是骷髅会的成员。说骷髅会是美国最有权势、最为成功的校友会一点也不为过。

除了权势之外,最让人感到神秘的是这个组织的秘密入会仪式。每年社团招新之时,被选中的15名新会员会被引入一个被称为"坟墓"的希腊神庙式棕色小楼举行入会仪式,整个过程阴森恐怖。他们会遭到老会员的凌辱,包括殴打、在泥浆中赤裸摔跤等,然后还得赤身裸体地躺在一口棺材里,并当众讲述自己的性经历!一群身着怪异服装的人围着新会员大喊大叫。这一切都结束之后,一个年长会员会将一个骷髅头放在新会员的肩膀上,同时用低沉的声音说:"你会一生都接纳骷髅会吗?"答"是"后他就正式成为骷髅会的一员。

骷髅会的成员毫无疑问是美国政界精英中的精英,素质极高,可是在入会仪式上他们为什么会做出如此下流粗野的举动呢?其实纵观世界范围内的秘密组织,这种虐待式的入会仪式非常普遍。

比如,中国近代的土匪有时会让新入伙者在头上顶个酒壶走到百步之外,土匪头子突然举枪射击,将酒壶击碎,经此一吓没有尿裤子的才能入伙。美国历史上最凶残的街头黑帮之一"MS-13"势力遍及30个州,拥有1万名成员,要想加入此帮必须经受被暴打13秒钟的"考验"。意大利黑手党决定吸纳某个青年的时候,那位准黑手党要用针刺破自己的中指,然后挤出鲜血滴在一张印有圣像的卡片上。黑社会老大将这张卡片点燃,并放在青年的手中。青年手捧燃烧的卡片,同时不能表现出一丝痛苦或退避之色,直至卡片燃成灰烬。这套仪式已历经百年,至今仍在使用。

不仅是新加入帮会的成员,就连学校里的新生也都要遭遇虐待。美国西点军校的所有新生都要受到高年级学生的任意侮辱,这已经成为该校的一个传统,麦克阿瑟就蹲过刺刀尖。

军队中,新兵遭老兵虐待也几乎成为常态。"二战"前的日本军队就有这个传统,新兵刚刚走进军营,老兵先喊一声:"摘下眼镜!站稳了!"接着铁拳飞来,打得新兵鼻青脸肿。近几年,英军也常常爆出丑闻,有新兵遭电击生殖器、胸部被当成烟灰缸,还有新兵被迫脱光衣服彼此肉搏。军方高层对此一般采取纵容的态度。

艰难的成人礼

你也许会对此感到恶心,说这些人都有一种畸形的心理,想看到别人受到羞辱和伤害。也许对于黑手党、土匪来说可以这样解释,但为什么连美国政坛精英和大学里都如此流行虐待新人呢?平时他们都是一些心理上很稳定、对社会也很负责任的正常人,只有面对新加入

的成员时才变得残暴。这究竟是为什么？人类学家们将这种现象与古代文化中的成人礼联系了起来。

在原始部落中，经受各种痛苦考验几乎是一个男孩变成一个男人所必须迈过的门槛。在北美中部的印第安人中，成年主要意味着参加战斗，所以成人礼多以自我摧残的方式来显示具有参加战争的体力和毅力。他们或从自己的胳膊上和腿上割下一块一块皮，或砍掉自己的手指，或把针别在胸前或腿部肌肉上。

非洲南部有些部落的成年仪式中，一个男孩要经受六种主要考验：毒打、严寒、干渴、吃难以下咽的食物、惩罚以及死亡的威胁。随便找一个小小的借口，他就可以被痛打一顿；在寒冷的冬天，他不能盖被子睡觉；在整整三个月的时间里，他不能喝一滴水；食物也令人作呕，人们会将羚羊胃里消化了一半的草倒在他吃的食物上。

台湾卑南族的少年在12岁或13岁的时候开始进入"少年会所"，在"少年会所"期间，他们禁止与女性讲话，禁止饮水，禁止吃肉，一天只能吃一餐，晚上去不为人知的地方练习跑步、歌舞，动作不对或者精神状态不好都将受到鞭打重罚，时间共计7天，在此期间还要为老人捕鱼，供其食用，并接受老人的训示。

广西瑶族举行"成人礼"仪式时，要"上刀山"——赤着脚爬上插满利刃的梯子，"踩火砖"——赤脚踩踏烧得发烫的砖头，"捞油锅"——徒手在滚烫的油锅中捞物，最后在师公的带领下登上一座4米高台，用手抱膝勇敢地翻至云台下的藤网中。四周欢呼声响起，赞扬孩子的勇敢无畏，祝贺又一个瑶族汉子步入了社会。

为什么要这样折磨那些可怜的半大孩子？有人说这是为了检验他们是否具备成年人的体力、意志和智力。然而事实上，那些老家伙是为了部落的生存才这样做的。虽然听起来有些荒谬，但这种虐待仪式却能让未来的成员觉得这个部落更有价值、更有吸引力。当年轻人经过精神和肉体的诸多痛苦终于挺过来之时，他会倍加珍惜自己在部落里的身份，勇于为维护这个部落而献身，因为履行一个承诺所要付出的努力越多，这个承诺对许诺者的影响就越大。

实际上，人类学家曾经对非洲54个部落的文化作研究，结果发现，那些成年仪式最富戏剧性也最严酷的部落正是那些最团结、最稳固的部落。

奋斗之后才珍惜

1959年，两个美国社会学家曾经作过一个实验：他们组织了一场有关性问题的研讨会，参加第一场研讨会的女大学生们必须要经过一番相当令人难堪的程序才能开始研讨，尽管社会心理学家已经尽可能地将讨论会搞得"毫无价值也毫无趣味"，这些女大学生仍然认为自己参加的这个讨论会很有价值。而另外一些只要经过一个简单程序就加入讨论会或没有经过任何手续就加入讨论会的学生，他们对这个团体的评价就明显差多了。

当学生们要经历身体上的痛苦而不是面子上的难堪才能加入一个团体时，他们对这个团体的评价往往会更高。一个女学生在加入时遭到电击的次数越多，她就越会让自己相信这个团体的成员都非常聪明有趣，而它的活动也非常有吸引力。

现在你大概也明白了，为什么原始部落的成人礼、骷髅会和黑手党的入会仪式会充满那么多折磨、劳顿，甚至是毒打。因为那些经历了这些仪式才成为会员的人所具有的忠贞不渝的态度和献身精神，会极大地增强团体的凝聚力和生存能力。军队和学校也同样以这种方式将新人凝聚起来。

甚至一些传销组织也在利用这个原理。他们给受诱惑误入其中的大学生一些考验、一些艰苦的事情，比如到蔬菜市场的地摊上拣烂菜叶子；光着身子一丝不挂地在大家面前演讲；去哪里都不允许乘坐任何形式的交通工具，只能步行；背不出来名人名言和励志故事就做上百个俯卧撑……一些人反而热衷于其中，认为是自我磨炼，从而更加陷入这种传销组织中而不能自拔。

与不费吹灰之力就能得到的那些东西相比，人们更加珍惜那些来之不易的东西。这也许是人性的共同弱点吧。

为什么总是鹰派占上风?

> 为何鹰派总是影响这么大?答案可能在于人类心灵的深处。人们作决定时有数不清的偏见,但是几乎所有的偏见都是宁愿对抗而不愿妥协。

国家领导人在局势紧张或者有冲突的时候总是得到各种各样的建议。顾问们一般来说可以分为两大基本派别:一类为鹰派,他们倾向于强制性行动,更愿意使用武力,很可能怀疑妥协的价值;另外一类为鸽派,怀疑武力的效果,更愿意通过政治办法来解决冲突。在鹰派看到敌意和对抗的地方,鸽派常常能指出对话的微妙机会。

义和团与美国大兵

1900年,义和团运动在民间兴起,并打出"扶清灭洋"的旗号。在这种情势下,西方列强以"保护使馆"的名义组成"八国联军"发动又一次侵华战争。清政府必须对是和是战作出正式决定。慈禧太后连续召开四次御前会议,讨论和、战问题。主和派得到光绪皇帝支持,直言义和团的刀枪不入、神灵附体万不可信,对西方诸国开战可能带来不堪设想的后果,主张镇压义和团,对外缓和;主战派却力言这些神功"可恃",义和团的"民心可用",可以"联合拳会"抗击列强入侵。

最后主战派占了上风,五名主和大臣不久被清廷处死。慈禧以光绪皇帝的名义向英、美、法、德、意、日、俄、西、比、荷、奥十一国同时宣战,发动了中国历史上乃至世界历史上最不可思议的一场战争。这场对比悬殊的战争最终导致首都北京沦陷,中国军民死伤十数万人,赔款4.5亿两白银,不计其数的珍宝古迹被洗劫,国家处于差点被大卸八块的绝境。

也许你会说那时候的中国人真愚昧，可是21世纪的伊拉克战争也同样是这样打起来的。战前，布什总统身边有两个截然对立的阵营，鹰派的国防部长拉姆斯菲尔德一直叫嚣"给萨达姆点颜色看看"，而鸽派的国务卿鲍威尔则坚持由联合国出面说服伊拉克同意核查从而避免军事冲突。

国防部长拉姆斯菲尔德对这场战争非常乐观，他对美国士兵说："目前尚不知道伊拉克战争将要持续多长时间，可能是6天，也可能是6个星期，但我想不太可能是6个月。"其他鹰派人物也都认为推翻萨达姆政权、解放伊拉克易如反掌。

鹰派的游说和造势工作显然取得了成果。2003年3月，美英联军对伊拉克发动了空袭，随后地面部队占领伊拉克全境。然而7年之后，这场战争仍然没有结束。3 000多名美国士兵命丧他乡，3.2万受伤士兵在返回美国后仍然生活在战争的阴影之中。战争未能使伊拉克人民走向民主，相反激发了教派仇恨，使国家处于内战和分裂的边缘。要结束这一切也许还要等5年、10年，甚至更长的时间。

乐观的鹰派

在政治决策的过程中，我们常常可以看到这种情况，不管鸽派的说法如何确凿合理，占上风的往往是鹰派。这是为什么呢？诺贝尔经济学奖得主、心理学家卡内曼认为，这是因为那些国家安全的决策者容易出现一系列心理偏见。

首先，心理学研究显示，大多数人相信自己比实际上更聪明，更有魅力，有超出一般的才华，往往高估未来的成就。鹰派喜欢军事行动而不是外交手段，常常就是建立在胜利能够很容易、很迅速完成这样的假设上。

美国南北战争爆发前，华盛顿的精英们就把第一场重大战役看做交友活动，联邦军队非常肯定可以轻松收拾叛乱的军队。在第一次世界大战开始的时候，法国陆军参谋长将军卡斯特诺宣称："给我70万军队，我将征服整个欧洲。"实际上，几乎每个造成历史上破坏性最大的战争的决策者都不仅预测自己会胜利,而且是相对迅速和容易地胜利。通常在每次军事冲突开始的时候都能发现这样乐观的将军。相反,外交官们在是否能够与对方达成妥协的问题上,往往是悲观情绪盛行。

我们通常对敌人提出的建议不以为然,即使敌人打算作出让步。从心理学上讲,这叫"反应性贬值":什么东西只要是对方给的,就会被看做价值不大。敌人提出的建议也是如此。因此,美国政府对伊朗作出的任何让步都心存疑虑,这些怀疑常常是有意无意贬低对方建议价值的结果。

在心理学家的实验中,以色列人对据称是巴勒斯坦人起草的和平计划的评价就不如对据称是自己政府起草的和平计划的评价高,虽然两份和平计划其实是一样的。亲以色列的美国人看了据说是巴勒斯坦人起草的假设性和平计划,就认为里面充满了袒护巴勒斯坦人的倾向,但如果说这是以色列人起草的,他们就说这个计划比较公平合理。

控制的幻觉

政治家们还常常出现一种控制的幻觉,高估自己观察、分析和控制外部世界的能力。面对对手做出的敌对举动,控制幻觉意识强烈的决策者往往不愿意认真分析冲突发生的前因后果,而是想当然地认为对方是出于恶意的结果。

他们还喜欢在不同的偶然事件之间寻求联系。当外交中忽然出现几个巧合事件时,一个通常的倾向是:这一定是有人精心谋划阴谋的结果。例如美国前总统里根就将苏联视为"邪恶帝国",认为苏联的对外活动都是有侵略意向的,而布什也轻率地给朝鲜和伊朗安上了"邪恶轴心"和"流氓国家"的罪名。

某些国家也往往过高估计对方的团结程度和领导能力,所以当对方发出的信号前后不一时,比如国会议员说一套、外交部长又说一套、总统又有第三种说法,就觉得肯定是一种欺诈。英国人和法国人在合作建设协合式飞机的过程中,一位英国经理无奈地说:"法国人总是认为我们在欺骗他们，实际上我们也不过是在一头雾水地应付而已。"

更糟的是，这些决策者们通常都过于自信，总是倾向于夸大自己影响其他人的能力，认为别人理解自己正如自己理解别人。这在国家之间造就不少误解。"一战"之前，德国人和英国人都觉得自己加强军备的本意是自我防卫，但都觉得对方肯定是在恶意准备进攻。

我们并不是说鹰派总是错误的。人们只需要回忆一下第二次世界大战前英国鹰派和鸽派之间的辩论，就很容易明白鸽派也常常站在历史的错误面。但很多时候，因为偏见鹰派的确会在不该占上风的时候也占了上风，导致许多不该发生的战争和冲突。世界是复杂的。可是人们却总是喜欢简单地把世界分成好坏，不是黑就是白。这大概就是鹰派思维的根源。

让未来的朋友先帮个忙

> 要想赢得别人的忠诚，最好的办法居然不是先给别人好处，而是让别人给你恩惠。这其中秘密何在呢？

"超级粉丝"之谜

2004年，湖南电视台选秀节目"超级女声"的首播在中国电视界扔下了一颗重磅炸弹，激起了全民的"超女"热。根据央视索福瑞数据，在收视最高峰期每5个中国人当中就有1个看"超女"，有近4亿观众在为"超女"加油，平均收视率超过中央电视台"春节晚会"。

而"超级女声"的追随者"超级粉丝"们对这档节目的热情之高、参与之执著、举止之痴狂也令人瞠目结舌。他们可以千里迢迢地

追寻到超女驻地为她们呐喊,可以为歌手的失利而嚎哭,可以因为追捧的偶像不同或意见不一而相互攻击和斗殴。到了年度总决选的时候,一些地方的粉丝更是走上街头展开大规模的拉票活动。他们高举横幅,要求路人为自己的偶像签名,呼吁更多支持者加入行列,派发自制的宣传单。有的对过路的年轻人进行死缠烂打,甚至还抢夺路人的手机直接进行投票⋯⋯

即便如当年的"四大天王"那样的老牌偶像明星,论表演实力显然要比"超级女声"们强大得多,恐怕也很难号召这么多的粉丝毫无回报地支持他们,甚至主动站出来为他们宣传、拉票,扩大影响。粉丝们究竟着了什么魔?有人说,恰恰是粉丝们为"超女"发的那些投票短信,使他们心甘情愿地付出这么多。

苦难的百姓更爱国王

通常我们想要和别人拉近关系、建立感情的时候,总是喜欢施加一些小恩小惠,不请客送礼至少也要递一支烟。但在美国政治观察家克里思·马修斯看来却恰恰相反:要想赢得别人的忠诚,最好的办法居然是让别人给你恩惠。美国开国元勋富兰克林就曾经说过这样一句话:"如果你想交一个朋友,那就请他帮你一个忙。"因为人们很容易忘记别人对他的帮助,却很难忘记自己给别人的帮助。

你要求别人给予的帮助越多,你拥有的支持者就越多。那些把自己的心血和银行存款都倾注到你的命运中去的人,是不情愿对你太挑剔而使他们的努力化为泡影的,因为他们已经付出了太多。

16世纪的意大利战争中,出现过这样的现象:一座城市被敌军围困数月,人们在城墙之内为保卫国王经受着恐惧与饥饿的煎熬。这种灾难难道不是因国王而起吗?难道不应该抛弃国王、四散逃命吗?令人意想不到的是,人们对国王的忠诚非但没减少反而进一步加深了。甚至在解围之后,他们还会更加热爱自己的国王。

政治学家马基雅维利总结说,这是因为老百姓为了保卫国王曾经牺牲了自己的房屋、财产甚至亲人,所以现在就仰望着国王,认为对他负有某种义务。人的天性就是,无论是要求他人承担义务还是自己履行义务，他都感到同样的快乐。

美国的一位议院领袖托马斯·弗莱也有过这样的亲身经历。一次，他乘坐的小飞机在华盛顿州东部一个乡村失事，当地一个人救了他。虽然那个人以前从来没有听说过弗莱的大名，但从此以后却为弗莱的竞选出钱出力，任劳任怨。在其他环境下也是这样。那些伸手帮助过你一次的人往往会养成习惯，在你未来的道路上一直关注你、照看你，努力提供条件让你证明他们当初是多么有远见，帮助你不是没有道理的。

竞选总统的良方

一个人在被追求的时候总是会产生快感，高明的政治家都知道这个小秘密。他们懂得，当你向一个人提出请求时，并不等于你只是在要求他付出，你也把他想要的东西给了他：让他有了一个参与其中的机会。所以，那些四处争取资金和拉选票的候选人其实是在向别人提供一个参与政治行动的机会，让他们成为他的成功的一部分。

2008年台湾"立委"选举之前，国民党候选人马英九以台中市为起点展开下乡长住计划，每天从早上8点到晚上10点，马不停蹄地在庙宇、农家、工厂、小吃摊等地穿梭，逢人就问候、握手，晚上就借宿农家。第一阶段18天结束后，民众对国民党的支持度就升了约6.5个百分点。这很可以理解，你怎么可能投票反对一个在你家沙发上睡觉的人呢？7个月中，马英九共借宿91个家庭，借宿94天，最终"立委"选举，国民党取得了压倒性的胜利。

美国历史上最受公众喜爱的总统肯尼迪更是钻研此道的行家里手。他会走进某个码头，在三层甲板的船上上上下下，挨个敲船舱的门，请那些爱尔兰工人、意大利工人和亚美尼亚工人支持他的竞选。于是，他使波士顿两万工人都变成了他的竞选志愿者。他们到处散发有关肯尼迪"二战"期间在PT-109巡逻艇上英勇作战的纪念品和宣传单。而那些每小时能挣到一大把美金的律师，只要某个时刻接到一个电话，就会抛下自己的家人和事业去为肯尼迪家族奔忙。

人们的付出所能换来的唯一看得见摸得着的回报，不过是一枚

PT-109巡逻艇的纪念别针，但通过这个可以摆在外面的、明显的实物标记，他们就感到与"肯尼迪家族"有了一种内在的、精神上的联系。那些长年累月为肯尼迪竞选提供财政支持的人，只要肯尼迪能亲一下他们的老妈妈，就觉得自己完全得到了回报。20世纪50年代末肯尼迪身上那令人倾倒的巨大魅力，其秘密养料就是这种走出家门大胆地向人们索取的精神。

"超级女声"强过"四大天王"

再回到本文开头讨论的那个问题："超级女声"之所以能够迷倒她们的粉丝，也是因为她们从一开始就主动地寻求观众的帮助，索取他们的短信。

对于老牌偶像明星来说，这种事情很少见。刘德华、张学友也会在演唱会上对喜爱他们的歌迷们大声说"谢谢你们，希望你们支持我！"，可是仅此而已。歌迷们当然也都很支持他们，不过也仅仅局限在自己的内心，不至于四处奔走、不求回报地为他们宣传推广，甚至强迫别人也支持。

而"超级女声"就不一样。每个参赛者都会面对摄像机，楚楚可怜地请求观众支持她，不仅仅是心里支持，还要有实际行动，破费几块钱发几条短信。当手机屏幕上出现"发送成功"的时候，就等于你帮了她一个小忙。就因为这个小忙，从此你就成为她的粉丝，把她的成功视为自己的成功，而她的失败当然也就是你的失败。为此，你会在下一轮投票中继续支持她，想方设法让她走向成功，最后自己也成为"超级女声"的超级粉丝。

"超级女声"其实就是一场娱乐选举，它透露出的是政治家们赖以成功的小秘密。洞悉了这个秘密，你也可以更轻易地交上朋友。

心理学家被当成强奸犯

> 记忆很可能悄悄地欺骗着我们,而我们却一直却被"蒙在鼓里"。

一次倒霉的电视节目

1975年的一个晚上,澳大利亚心理学家汤姆森来到电视台,参加一个讨论目击者证词的节目,大谈人们如何才能最好地记住罪犯的面孔。他风度翩翩,侃侃而谈,给观众留下了很深的印象,反响很好。志得意满的汤姆森回到家里,美美地睡了一觉。第二天一大早,汤姆森还没起床就被急促的敲门声吵醒。他打开门,看见的不是拿着签名本的热情粉丝,却是一脸严肃的警察。

警察告诉他,昨晚一个女人被人强奸并且昏在自己的公寓,那个女人说汤姆森就是袭击她的人。汤姆森很吃惊,在袭击发生的时候他正在电视台做节目,全国人民都看见了,甚至那位警察的助理也在场。很明显,那个女人搞错了。

在袭击发生前受害者似乎在电视上刚见过汤姆森,后来她凭借自己模糊的记忆,在节目播出后声称汤普森和罪犯的脸非常像,所以才指控了他。这可真是讽刺,汤姆森在电视上谈的就是目击者证词的问题,自己却被目击者错误地当成了强奸犯。不过汤姆森还算幸运,他有很充分的不在场证据,很多其他嫌疑犯就不那么幸运了。曾有一个类似牧师的长得彬彬有礼的人,被无辜地卷进了一宗案件,并且有7个证人同时都认定他就是案件的罪犯。后来由于真正的罪犯自首了,该案件才水落石出。原来,仅仅是因为这个牧师和真正的罪犯都是很文质彬彬的人,7个证人便都同时误认为这个牧师就是罪犯。

研究表明，在 100 多个经 DNA 验证而豁免的人中，有超过 75% 的人是因为错误的目击辨认而被认为有罪，有些人坐了许多年牢，甚至还差点被判死刑。我国也曾有杂志报道过此类鲜活的例子：一名叫李天的男子曾在 17 岁时因错误的目击辨认而被误认为杀手，从而在牢狱中含冤十载，直到 10 年后多项证据表明其无罪才被释放。

目击证人们有意撒谎吗？不是。他们绝大多数都是诚心诚意地试图维护正义。但是他们的指证却是错误的，他们的记忆欺骗了他们。

被外星人绑架

存在于大脑中的大部分记忆都是短期记忆，因而很容易被遗忘掉。只有通过一个叫做"凝固"的过程，一部分短期记忆才能够转化成长期记忆，在大脑中储存起来。当记忆处在这种"忘却的边缘"，变得十分不稳定的时候，新的印象便很容易在脑海中和旧的记忆叠加起来，出现人们通常所说的"虚假记忆"。而这种"虚假记忆"在我们的日常生活中司空见惯，比如人们常常会将自己从刊物中读到的东西说成是自己亲眼看到的，而说他们在报纸上读到什么新闻，实际上是朋友告诉他们或在广告里看到的。

许多人声称自己曾经被外星人绑架，也可以用虚假记忆来解释。他们记忆当中的那些拥有大眼睛的绿色小人其实来源于与外星人相关的电影和电视剧的记忆碎片。1953 年，被外星人劫持的情节第一次出现在了电影《火星入侵者》中，在这之后，美国就出现了很多有关被外星人绑架的报道。这些人的回忆都煞有介事，所描述的外星人在大概轮廓上也都很相似，因为它们都来自小说和荧屏。

大人小孩谁更可信

很多心理学家都发现，不管大人还是小孩，在作证的时候都会出现虚假记忆，谈不上谁比谁更可信一些。

6 岁—9 岁儿童在区分一件事是自己真实做的还是自己想象做的，要比成人困难。在实验中，儿童对"你是真的摸了你的鼻子，还是仅仅是想象摸了你的鼻子"比成人更容易迷糊。心理学家曾经让儿童观看同伴把水倒进水杯里，或想象同伴把水倒进杯里，事后要求儿童回忆他们是看到水倒进杯里还是想象出水倒进杯里时，6 岁比 10 岁儿童表现出更多的混淆。

1988 年，美国新泽西州一个名叫迈克尔斯的幼儿园老师被控对她看护的 19 个孩子进行了 115 项性骚扰。法庭依据的完全是那些 3 岁到 5 岁的受害儿童的证词。这些孩子的记忆非常清晰、生动而令人震惊：迈克尔斯裸体弹钢琴，迈克尔斯从孩子们的生殖器上舔掉花生酱，等等。经过 9 个月的审判和 13 天的陪审团合议，这位 23 岁的老师被判入狱 47 年。经过上诉，迈克尔斯的案子在 6 年后被推翻，主要依据是心理学家的证词，他们认为年幼的孩子容易受到暗示。这个曝光率极高的案子是司法上一个重要的里程碑式的案件，因为它等于从法律角度认定年幼儿童的证词是不可靠的。

但是也有人坚信"童言无欺"。科学家的最新研究发现，人的许多记忆通常都是"模糊"的，仅仅是意思"概括"。概括思维的确是件好事，它使我们能够归纳和联想，如果没有它，我们即使做最简单的决定也非得记住所有相关经历的每个细节不可。但在某些情况下，这种思维会让我们栽跟头。

比如，花几分钟时间记记下面这几个词：床、休息、醒着、累了、做梦、醒来、打盹、毛毯、瞌睡、睡眠、打鼾、小憩。然后拿出一张纸，尽可能多地默写出你能记住的词。大多数人会记住一些，忘了一些，也会写出词汇表上根本没有的词：睡觉。为什么会这样？这是概括出来的。尽管词汇表上没有"睡觉"这个词，但所有词都是与睡觉有关的意思。测试结果证明，参与测试者的年龄越大，他们就更容易"记起"词汇表上根本没有的词，因为它们的"概括"记忆更加成熟。

小孩子作证未必就比青少年或成人更可靠，但是根据不同事件的性质以及证据和证词，他们的记忆有时可能会更准确。

将记忆植入你的大脑

不少科幻电影都有洗除某个倒霉蛋的记忆，或者强行在谁的脑袋里制造假象的情节。其实对心理学家来说这并不是什么难事。心理学家们曾经进行了大量实验，利用误导信息诱发人们的错误记忆。他们甚至发现，一些不可能发生的事件都可以被完全地"植入"到人的大脑中。

瑞士心理学家皮亚杰就曾清晰记得自己在两岁时被诱拐过，甚至还可以回忆出英勇的保姆与歹徒搏斗，警察追捕诱拐者的情节。但他的保姆在多年后承认，是她捏造了整个故事，为的是给皮亚杰的双亲一个好印象。尽管充满着丰富的细节，但皮亚杰最终还是不得不承认，他的这份清晰记忆只不过是从来都未发生的事而已，这个记忆是保姆植入到他的脑海里的。

美国西雅图华盛顿大学的心理学家作过一个实验。她向每一个接受实验的学生展示一个虚构的迪斯尼广告，在广告中，小时候的被实验者正和兔子罗杰在一起。结果，在别人的询问之下有人真的回忆起小时候遇到过这个灰色皮毛、大门牙的动物，还和它握了手，给了它一根胡萝卜。167 名被实验者中有 16% 的产生了这样的错误记忆，在进一步的实验中，这个数字上升到了 35%。另一个更加成功的实验中，心理学家把被实验者小时候和爸爸在一起的照片同一张热气球的照片合成到一起，结果每两个被实验者中就有一个人回忆起自己搭乘热气球的"空中之旅"。事实上这也从来没有发生过。

心理学家随即想到可以利用植入虚假记忆做一些有益的事情。试想，假如能够随意将快乐的、有助未来生活的记忆植入人的头脑中，从而替代那些不快乐的、无助于未来积极生活的记忆，那该有多好？比如，心理学家暗示被实验者童年时期曾经对某些吃了让人肥胖的食品有过不愉快的反应，一周后，少部分被实验者确实相信在童年期他们在吃了草莓冰激凌后患过疾病，相对一周前更不喜欢草莓冰激凌了。可见，植入的虚假记忆至少可以帮助人们减肥。

未来，人们还能利用虚假记忆做出什么事情，谁都难以预料。但至少你该知道，我们的记忆并不像我们想象中的那样可靠。它很可能悄悄地欺骗着我们，而我们却一直被"蒙在鼓里"。

刘翔为什么挨骂？

> 在我们的生活中，总有一个影子给我们鼓励和安慰。我们不再孤独和伤感，因为在风雨中我们看见了自己的梦，自己的信仰……

刘翔遭遇落井下石

2008年8月18日，一场北京奥运会田径预赛正待进行。"鸟巢"体育场座无虚席，亿万双眼睛期待着"中国飞人"刘翔在110米栏比赛中再展雄姿。全场都被"刘翔加油"的口号声淹没了。

11时50分，披着红色战衣、蹬着黄色战靴的刘翔出现在110米栏起跑线上。发令枪响起，有人抢跑，刘翔往前跑了3步，转身返回出发区。人们都以为他将迎接下一声枪响，没想到刘翔却撕掉身上的号码牌，独自一人踉跄着走向了休息通道！

经过大约5秒钟的停顿，目瞪口呆的观众才回过神来——刘翔退赛了！9万人的鸟巢顿时鸦雀无声。大多数人都难以控制自己的情绪，在叹息声中，甚至是含着泪水离开了观众席。

各种媒体和互联网上瞬间充斥了大量有关"刘翔退赛"的评论，不少人表示运动员受伤病困扰很正常，这次不行下次再来。然而更多的则是对刘翔的谩骂和侮辱，有要求他赔偿门票钱的，有说他是骗子和懦夫的，有嘲笑他为了代言赚钱荒废了训练的，有怀疑他诈伤退赛以保身价的。直到最近，还有人无事生非地追问国家在刘翔身上花费多少钱。

仅仅这一次退赛，刘翔一下子从万众瞩目的"民族英雄"沦落为遭人唾骂的"跳梁小丑"。这个反差令同情刘翔的人不禁感叹世态炎凉和国人的落井下石。在赛场上铩羽而归的运动员数不胜数,大家为什么唯独对刘翔如此刻薄?从心理学上讲,这是他们在刘翔身上的投射性认同失败了的结果。

小媳妇看韩剧

"投射性认同"是一个心理学术语,意思就是把自我内心的某种形象投射到别人身上,并对其产生认同。

比如,备受中国女性电视观众追捧的韩国电视剧通常都有一个共同的模式,即在婆媳关系上婆婆总是太古板、传统,让可怜又可爱的儿媳受尽了窝囊气,但儿媳又往往忍辱负重,最终苦尽甘来。为什么那么多的电视剧表现了恶婆婆 vs 好儿媳的情节呢?现实生活中也真的是这些婆婆们不好吗?其实不然。倒是在真实的社会新闻中,婆婆遭受儿媳的不孝与虐待的新闻屡见不鲜。那么,电视剧为何如此表现婆媳关系?

很简单,日常能有闲暇时间追看这类漫长家庭电视剧的常常是家庭刚刚稳定下来的小媳妇一族,这类恶婆婆 vs 好媳妇的电视剧往往满足的是这类女性的心理需要。比如,她们看电视的时候常常将自身投射到剧中的角色身上,而这类角色往往又是一个美丽、善良而又受婆婆气的角色,看到最后的大团圆,又给了自己一个希望,明天一切都会好起来的。所以类似情节的电视剧一部接一部拍,媳妇们乐此不疲,一部接一部看。

一见钟情也是投射的结果。首先,你内心有一个或清晰或模糊的关于恋人的形象,是曾经在你的梦中出现过的白马王子或公主。当你在现实中碰到的他或她部分或全部符合你内心的那个形象,便会狂热地、痴迷地爱上他或她。但随着时间的推移,梦醒了,发现他或她不是那个"他"或"她",失望接踵而至,所以就有了"因为陌生而相爱,因为熟悉而分手"的说法。

而自古以来就不乏其人的"偶像崇拜"也可以这样解释。根据社会调查,最被崇拜的偶像多是那些在娱乐、时尚、大众传播等方面有着出众表现的人物。追星族之所以崇拜偶像,常常是因为把偶像看做是理想自我的化身,将自己心中"最完美的我"投射到了偶像身上。理想的东西往往是人们想得到却又难以得到的,因此,在这种焦虑面前人们需要一种持续的力量来支撑自己。这种力量就是来自于与自己的理想自我十分接近的偶像。从这种持续的崇拜行为中可以一再缓解自我价值实现的焦虑与困惑。

另一些追星族则是被明星的某些特别气质所吸引。比如王菲表现的那种叛逆、怀疑、孤单、冷漠背后的敏感,认定世事悲凉,爱情虚无,正是很多人内心潜藏的自我的一部分。由于他们平时并不能承认和表现这部分,因此当他们从明星身上看到了类似的表现时,就自然而然地把自己的感受投射到他(她)们的身上,并因此感到压力得以缓解,内心得到满足。

其实,我们心目中的偶像是我们站在哈哈镜前面照出来的那个影像,是我们的一种真切而急迫的渴望。每一个人都在期待着另外一个人出现。在我们的生活中,总有一个影子给我们勇气和理智,鼓励和安慰。我们不再孤独和伤感,因为在风雨中我们看见了自己的梦,自己的信仰……

认同你,控制你

投射了,认同了,还不算完,你很可能还会试图控制你投射的那个对象,让他一直保持你想要的样子。如果不行就会很失望,甚至愤怒。粉丝对明星又爱又恨的情结就源于此。

父母对孩子也是这样。其实很多家长自己幼年时学习成绩就不好,成年以后也没有什么成就和地位。上一代人把他们的生活经验投射出来,预期孩子们的未来就是他们的样子,便极力控制那种无力感,要求孩子必须学习优秀。如果未能如其所愿,他们就可能严重虐待自己的孩子。

说到这儿,我们再回到刘翔的事情上。可以打赌,今天对刘翔肆意谩骂的那些人在2008年8月18日以前很可能都是刘翔的狂热粉丝。他们都是现实生活中的普通人,过着平平淡淡的生活,虽然爱这个国家,但除了交税没有什么其他办法为国效力。

刘翔无疑是中国有史以来最优秀的田径运动员。他在 2004 年雅典奥运会上夺得中国男选手在奥运会上的第一枚田径金牌！在 2006 年瑞士洛桑田径大奖赛上，他打破了世界纪录！2007 年田径世锦赛他夺得冠军，成为集奥运冠军、世锦赛冠军和世界纪录保持者于一身的大满贯得主。这样辉煌的成绩使粉丝们纷纷将自己内心中那个"民族英雄"的理想自我投射到刘翔的身上，为他的每一次胜利喝彩，就如同为自己喝彩一样。

然而，刘翔的身躯毕竟是血肉造就的，不是金刚铸造的。他可以打破神话，却不能保持永恒的神话。当他放弃了一场在粉丝们看来关乎民族尊严的比赛的时候，粉丝们发现刘翔与他们投射在他身上的那个形象发生了重大偏差。猝不及防的他们陷入了极大的愤怒之中。

他们的双眼只投射在别人身上，自己怎么做，做什么，都没有关系，别人却不能，尤其是名人就更不能了，否则便是"大逆不道"，就是伤害了"民族自尊心"。于是，他们便开始恶意地攻击这位功勋运动员，即使在刘翔真的赴美手术之后，仍然坚持说他诈伤。刘翔是否有伤在身并不重要，关键是他破坏了粉丝们的投射性认同。

沉默的螺旋

——公众的意见是怎样产生的

> 那些报纸上、电视上铺天盖地的言论未必就是公众们的一致意见。人们并非都这样想，只不过在某种过于响亮的声音面前变得沉默了。

动物共和国水坝垮塌事件

一年夏天，动物共和国遭遇了一场十年不遇的滂沱大雨。这场雨下得没完没了，直下的螃蟹上了房，公鸡会游水，连大象总统的象牙上都长了蘑菇。终于在一个黑漆漆的夜晚，修筑在山谷中的水坝像泡软了的饼干一样垮掉了。憋足了劲的山洪奔泻而下，把动物共和国冲了个七零八落，公民们哭爹喊娘，纷纷逃窜。

　　洪水过后，灾民们回到满目疮痍的故乡，化悲痛为力量，开始重建家园。大象总统也回到了总统办公室，顾不得许多一屁股坐在积水里就开始翻报纸。他急切地想知道灾民们现在有些什么想法。

　　从报道上看，大家果然都在谈论这次水坝垮塌事件，不过人们的看法好像很不一致。有人说，这都是因为温室效应导致厄尔尼诺现象，否则怎么会有这么大的雨。有人说，这是因为工程师水獭在指挥修建水坝的时候偷工减料，搞出了一个豆腐渣工程。还有人直接将矛头指向了大象总统，说他当年决策失误，根本就不该派人修建什么水坝，把一个巨大的人工湖悬在了所有公民的头上。

　　大象总统受到了某些人的批评，心里有点不舒服，可是也没有太在意，因为大家众说纷纭，并不是都这样想，于是就放下报纸布置救灾抢险工作去了。过了几天，大象总统稍微有了一点空闲，再次翻开报纸，立刻被上面的报道吓了一跳。原来，大家讨论得仍然很热烈，可是看法似乎越来越接近，很多人都在抱怨大象总统工作不力，几乎占了大半个版面，而把灾害原因归咎于厄尔尼诺现象和豆腐渣工程的文章都被挤到了不显眼的角落里。

　　大象有点紧张了。这么多人对他不满，绝对不是一个好兆头。心神不定地过了几天，大象小心翼翼地第三次翻开报纸，恶狠狠的大标题撞入眼帘——"无能的大象总统赶快下台"。天哪，所有的文章都异口同声地责备大象，说他是一个不称职的总统，要么赶快辞职，要么大家就民主罢免他。

　　这时，外面忽然传来齐刷刷的口号声。大象把窗帘拉开一条缝悄悄往外看，原来他的公民们已经组成了一支浩浩荡荡的游行示威队伍，堵在办公室门口要求他下台。事情到了这一步，大象也不好意思继续赖在总统的位置上，当天晚上就化妆成河马趁着夜色溜走了。

少数人沉默了

大象总统的遭遇很让人同情。所有的公民们都反对他吗？不是。报纸最初的报道中对于水坝垮塌事件有很多种意见，认为大象总统应该负责的只是其中的一种意见。那么为什么到后来其他意见的声音越来越弱，而抨击大象总统的意见越来越强，直至最后成了唯一的声音了呢？传播学者说，这种现象叫做"沉默的螺旋"。

"沉默的螺旋"这一概念是一位名叫伊丽莎白·内尔纽曼的德国学者提出来的。1965 年，联邦德国进行议会选举，主要竞争对手一方是社会民主党，另一方是基民盟和基社盟的联合阵线。在整个竞选过程中，双方支持率一直处于不相上下的胶着状态，但在最后投票之际却发生了选民的"雪崩现象"——后者以压倒性优势战胜了前者。

纽曼在随后的调查分析中发现，尽管双方的支持率一直未变，但对获胜者的"估计"却发生了明显的倾斜，即认为基督教两党阵线将会获胜的人不断增多，到投票前日变成了压倒多数。纽曼认为，是选民们对"周围意见环境的认知"和"多数意见"对个人的压力造成了社会民主党的惨败。

进行了多次实证研究，纽曼提出了她的"沉默的螺旋"假说：社会使背离社会的个人产生孤独感，而这常常使个人陷入恐惧之中。对孤独的恐惧使得个人不断地估计社会接受的观点是什么。

对于一个有争议的议题，人们会形成有关自己身边"意见气候"的认识，同时判断自己的意见是否属于"多数意见"，当人们感觉到自己的意见属于"多数"或处于"优势"的时候，便倾向于大胆地表达这种意见；当发觉自己的意见属于"少数"或处于"劣势"的时候，遇到公开发表的机会可能会为了防止"孤立"而保持"沉默"。越是保持沉默的人，越是觉得自己的观点不为人所接受，由此一来他们越倾向于继续保持沉默。几经反复，便形成占"优势"地位的意见越来越强大，而持"劣势"意见的人发出的声音越来越弱小，这样的循环形成了"一方越来越大声疾呼，而另一方越来越沉默下去的螺旋式过程"。

根据这种理论,我们就可以对大众舆论得出这样的印象:那些报纸上、电视上铺天盖地的言论未必就是公众们的一致意见。人们并非都这样想,只不过在某种过于响亮的声音面前变得沉默了。甚至我们可以这样想,也许那个响亮的声音也未必是大多数人的意见,只不过新闻媒体有意识地加大了这种声音的音量而已。

陷入"沉默的螺旋"的伊拉克

在外力的作用下,人们很容易改变自己本来的想法,发出和周围人一样的意见。心理学上有一个著名的实验证明了在他人舆论一致的情况下,一个人的态度将会发生转变。实验是这样的:5个人置身于同一间实验室,实验者先给他们看直线X,同时出示另外3条直线A,B,C,让5个人判断3条中哪一条与X的长短最接近。5人中的4个人是实验者的助手,他们故意一致给出错误的答案,结果是近75%的被试人至少有一次遵从了错误的答案。

在社会生活中,人们总是力求不犯错误,并依照规范行事来博得他人的欢心,这就是叛逆者往往不受欢迎,和大多数人保持一致者最得人心的缘故。在舆论一致的情况下,反对的声音总是最小。

这样的例子现实中很多:在过去的几年里,提到伊拉克人们自然会想到伊拉克是否有"大规模杀伤性武器"的问题。《纽约时报》自2001年开始引用了大量情报,称伊拉克有违禁武器,拥有大规模杀伤性武器,并且与恐怖组织有联系。这种观点得到媒体持续不断的宣扬,成为支配性和主导性的意见。由于《纽约时报》的权威性和影响力,它的声音一发出就占据了上风。渐渐地,那些对他们的报道持有不同看法的声音逐渐变得越来越弱小,这样就导致公众所了解到的信息似乎就是"伊拉克与大规模杀伤性武器有关"。直到专门调查组得出那里没有大规模杀伤性武器的结论,《纽约时报》才刊登该报舆论监督员丹尼尔·奥克伦特的自我批评文章,称《纽约时报》错误地报道了伊拉克拥有大规模杀伤性武器的信息。

"沉默的螺旋"理论提供了一种考虑问题的视角:舆论的形成不一定是社会公众"理性讨论"的结果,而可能是对"强势"意见趋同后的结果。需要注意的是:"强势"意见所强调的东西不一定就是真理。当公众中的"少数"意见与"多数"意见不同的时候,公众的少数有可能屈于"优势意见"的压力,表面上采取认同,但实际上内心仍然坚持自己的观点,这就可能出现某些公众"公开表达的意见"与公众"自己的意见"不一致。这样将导致舆论只是在表面上的一致,并非是真正的认同。因此,媒体在引导舆论的时候必须首先尊重公众,深刻地理解已有舆论,要顾及到少数人的意见,多提供一些选择。

第二章 人心的深处

浸在玻璃缸里的大脑

> 你以为你正坐在这里读这本书,其实你只是一颗浸在营养液中、接受电信号的肉乎乎的大脑。当你翻页时,你感觉到自己正在触摸纸张,但这只是因为电信号让你感觉到自己真实的手指正在触摸一本真实的书,而实际上你根本没有手指,也没有什么书。

一个女孩的噩梦

美国作家庞德斯通在其著作《推理的迷宫》中讲过这样一件事:这是一个绚丽的夏日,原野上的草长得很高。詹妮跟在她的哥哥们后面,懒洋洋地漫步。地面上出现一个阴影,草丛里有些东西在沙沙作响。詹妮不由自主地转过身,看见一个陌生的男人,手中拿着一只袋子,里面似乎有什么东西在不停地扭动。他说:"钻进这个袋子里陪我的蛇好吗?"

此刻 14 岁的詹妮其实并没有置身于夏日的原野,却躺在蒙特利尔神经学研究院的手术台上。她的颅骨被掀开,露出大脑的颞叶。她的医生正在尝试通过一种试验性的手术治疗她反复发作的"羊癫风"。为了确定病灶的位置,医生用电极探针探查她的大脑,而在此过程中詹妮必须保持清醒,告诉医生自己的感觉。

当探针触到某个位置的时候,詹妮忽然发现自己又一次置身于那个原野中。詹妮遇到那个奇怪男人的经历发生在 7 年前,当时詹妮吓坏了,她哭着回家找妈妈,尽管那个人并没有碰她。如今在探针的刺激下,詹妮不仅回忆起这段遭遇,而且重新经历了这段遭遇,细节如此丰富,恐惧如此清晰。

医生又用探针刺激附近的点,詹妮的脑海中像放电影一样又再现了许多其他往事,诸如因为做错事被责骂之类。这次医学试验发生在 20 世纪 30 年代,轰动了整个科学界,也在哲学界引起轩然大波。

玻璃缸中的大脑

哲学家跟着掺和什么呢?原来,有些哲学家突然想到一件可怕的事情:既然在大脑上做做手脚就可以让人产生感觉,那么谁能证明我们的感觉都是真实的?

也许某一天,你正在睡觉,一个邪恶的科学家蹑手蹑脚走过来,撬开你的头盖骨,把你的大脑取了出来,浸在一玻璃缸营养液中(还好不是福尔马林)。你的每一条脑神经都在高明的外科医生的处置下连上了微电极。这些微电极数以百万计,全都与超级计算机相连,不断传来与你身体里原来的神经信号一模一样的微弱电信号。

你以为你正坐在这里读这本书,其实你只是一颗浸在营养液中、接受电信号的肉乎乎的大脑。当你翻页时,你感觉到自己正在触摸纸张,但这只是因为电信号让你感觉到自己真实的手指正在触摸一本真实的书,而实际上你根本没有手指,也没有什么书。

你甚至相当真切地感觉到你自己正在这里阅读一段有趣而荒唐的文字:一个人被邪恶科学家施行了手术,他的脑被从身体上切了下来,放进一个盛有维持脑存活营养液的缸中。脑的神经末梢被连接在一台计算机上,这台计算机按照程序向脑输送信息,以使他保持一切完全正常的幻觉……

把书移近,字看起来变大,伸直手臂把书拿远点,字就变得不那么容易辨认。这种立体感也是通过电脑模拟出来的。你甚至还可以闻见妈妈在厨房里炒鸡蛋的香味,听到收音机里传来的流行歌曲,这些也是幻觉的一部分。你可以掐自己一下,你也会得到期望的痛觉,但是这不能说明任何问题。

事实上,你没有任何办法证明实际情况不是这样。既然如此,你如何证明外部世界是存在的?这就是哲学领域的一个著名难题——缸中之脑。

一切都被怀疑

"缸中之脑"如今已成了科幻小说和电影钟爱的题材。1960年就有好莱坞导演拍过类似的电影:话说在诺曼底登陆之前的36小时,有一个知悉诺曼底登陆计划细节的美军军官被德军捕获。为了套出情报,德军趁他还处在爆炸之后的失忆状态,伪造了一个疗养院将其收容,骗他时间已是1950年,美国佬早已战胜,而他正在加州老家接受康复治疗。窗外阳光明媚,身边的护士是加州口音的美丽女孩,伪装的医生希望他忆起当年往事……

近年来还有一个比较著名的电影《楚门的世界》则讲述了这样一个故事:一个财力雄厚的电视制作公司把"真人秀"节目发挥到了极致,把一个人从婴儿时代起就置于完全逼真的影视布景当中,随心所欲地摆布他的人生,然后用隐藏在各个角落的摄像机向全世界直播这个人的一举一动。

充满哲学和宗教寓言的著名大片《黑客帝国》则在银幕上再现了一个活生生的"缸中之脑"。在2199年,绝大部分人类都被浸泡在营养液中,他们的意识则由电脑系统"矩阵"的电流刺激所形成和控制。他们的一切记忆,实际上都是外部电极刺激大脑皮质所形成的,而不是真实历程。由于"矩阵"也会有"漏洞",也会被"病毒"侵入,因此,在"矩阵"系统中的"人"有时候就会发现一些匪夷所思的现象,比如人可以自动克服重力飘起来,而这些现象并非真实的存在,只是系统漏洞所致。在逃出营养液的起义军中有一个叛徒。他为什么宁可放弃现实回到虚拟的世界中去?他说:我知道眼前的牛排并不存在。我知道当我把它放进嘴里的时候,是"矩阵"告诉我它美味多汁。离开矩阵9年之后,你知道我认识到了什么?无知是一种幸福。

既然真实世界无法给予你所需的感觉刺激，那么虚拟的世界似乎也未尝不是一个选择。如果"矩阵"能够给予你所有的感官感觉，即使这种感觉不是人真正的感觉，但从效果上来说是相同的，那么我们是否真的需要打破这个系统，去解放人们？

不可靠的知识

既然我们有可能只是"缸中之脑"，那么我们引以为豪的一切知识都是可靠的吗？假定你的这个世界是在 5 分钟以前被创造出来的，关于"先前"发生的事件的一切记忆以及其他痕迹也都是 5 分钟以前被创造出来的。你如何证明实际情况不是如此？

巴黎是法国的首都吗？很可能是。但也不能排除这样一种可能性：一群坏人统治着你的世界，出于某种原因不想让你知道法国的实际首都在哪里。他们改写了所有历史和地理著作，强令每个教师向每一个新出生的孩子灌输巴黎是法国首都的假象。当然你可以说，去年夏天你曾经去过巴黎，亲眼看到了法国政府大楼的建筑群。但是你无法排除这种可能性：那其实不是巴黎，而是特意修建来蒙骗你的主题公园。

人们一般认为逻辑和数学知识是最可靠的。"2＋2＝4"总不会是老师向你灌输的假象吧？可是谁能保证那个对着你的大脑狞笑的邪恶科学家不会用一种精密的方法刺激你的大脑，明明"2＋2＝4"，你却误以为"2＋2"明显等于5，而且你还可以证明它的确等于5。

如此一来，我们的知识似乎是非常脆弱的，有什么东西是确定的？对于任何一个东西，我们怎样才能确信无疑？任何问题都可以用科学方法予以解决吗？答案是否定的。我们的无知是必然的。

法国唯心主义哲学家笛卡儿这样写道："若干年前，我发现了一个令我震惊的事实。我童年时信以为真的许许多多的东西其实是假的，而我的整个知识大厦是建立在这些错误之上的。"充满怀疑的笛卡儿唯一给人们留下的希望就是：无论这世界是虚幻的还是真实的，无论如何，我对这个问题的思考本身是存在的，所以我也是存在的，即"我思故我在"。别人他是管不了了。

外部世界究竟是否真实？这个问题至今还没有人能够回答。

幻想的深渊

——用神经心理学揭秘神话的起源

> 神话诞生于萨满的深度迷幻下的所见所闻,而并非是人们异想天开的杜撰。世界各地不同民族的英雄神话之所以具有大同小异的故事情节,是因为它们具有相同的产生方式——迷幻。

神奇的萨满巫师

在东北民间流传甚广的满族神话《尼山萨满》讲述了这样一个故事。古时候一个名叫巴彦的富人,中年得子,视为掌上明珠。然而不幸的是,儿子15岁那年在山中打猎时突然暴病身亡。巴彦夫妇悲伤欲绝,便哀求一个名叫尼山的法术过人的萨满,到阴间找回儿子的灵魂。

尼山萨满穿上神衣,戴上神帽,腰扎神铃,手持萨满鼓,开始起舞并祈祷歌唱,很快进入到迷狂状态之中。许多神灵也赶来,和尼山一起开始了他们的迷幻之旅。兽神在跑,鸟神在飞,来到了一条河边。尼山向摆渡的瘸子唱起了神歌,在他的帮助下顺利渡河。可是到了第二条河,既没有渡口,也没有渡船,尼山又唱起神歌,求助于更强大的雕神、蟒神等动物神灵,然后把手鼓扔在河上,自己站在鼓上像风一样飘过河去。到了阎王的三道关口,她用酱和纸贿赂把关的小鬼,顺利过关。众神在阎王城中抓住了死者的灵魂。在返回的路上,尼山遇见了她死去多年的丈夫,可是由于丈夫死去的时间过长已无法救活,为摆脱纠缠,以免影响归程耽搁救人,尼山不得不将丈夫扔进永世不能再生的丰都鬼城。尼山醒来,向人们讲述了去阴间的经历,并把灵魂放进死者的躯体,使其马上活转过来。巴彦全家十分高兴,把自己的一半财产都给了尼山。但尼山本人却因没有救治丈夫而被婆婆告上了京城。皇上命刑部定罪,将尼山和她的神器一并装入箱中,沉入井底,无皇上圣旨不得复出。

雷同的神话英雄

尼山萨满的故事在全世界各民族浩如烟海的神话故事中显得并不出奇,因为很多民族的神话英雄都有过这种艰辛的经历。然而美国人类学家坎贝尔却从中看到了不寻常的地方,他觉得世界各地神话英雄们的历险故事似乎总是大同小异、千篇一律。在他的著作《千面英雄》中,坎贝尔作了一个有趣的归纳:

神话中的英雄总是从他日常住的小屋或城堡出发,被引诱、被带到、要不然就是自愿走到冒险的地方。在那里他遇到一位幽灵或神灵守卫。英雄可能打败这名守卫或博得他的好感而进入幽暗的王国。随后英雄就在一个陌生而又异常熟悉的充满各种势力的世界上旅行,有些势力严峻地威胁着他,有些势力则给他魔法援助。之后英雄会经历一次重大考验,从而得到他的报偿。最后要做的事是归来。英雄们可能在神灵的赐福保护下启程,或者是逃走并被追捕。到达神秘王国的边界时,那些保护或者追捕他的超自然力量必须留下,而我们的英雄则离开那可怕的王国,他带回来的恩赐使世界复原。

《尼山萨满》的故事结构无疑成了坎贝尔的一个证据。为什么全世界的原始人类会有这样的雷同?是人类的想象力太过贫乏?恐怕不是。人类学家相信,一定有某种共同的东西隐藏在神话的背后,使全世界原始人类创造的神话都显示出相同的特征。

迷幻的巫师

萨满,东北地区的人们俗称为"跳大神"的,是一种被人类学家称为"萨满教"的原始宗教中的巫师。这种宗教一开始只被看做是中国北方地区土著民族的宗教现象。但人类学家后来发现,其实萨满教普遍存在于中北亚洲、东南亚、南亚、澳大利亚、太平洋群岛、非洲和北美、南美等世界各地的土著民族之中,甚至发现它是人类史前文化中一种普遍的原始宗教现象。

研究神话起源的人类学家们觉得，对于萨满教这种原始宗教现象的研究有助于揭示原始神话的起源之谜。

据说，作为人神之间的使者，萨满具有超乎自然的能力。他可以治病、引渡亡灵、为个人或氏族卜算未来，运用过人的洞察能力和预知能力，还可以发现和看见常人所不能发现和看见的事物。萨满最神奇的技能莫过于他那穿越人界和神界之间的旅行。萨满利用舞蹈、击鼓、歌唱、饮酒或是服用药物进入迷幻状态，这时他的灵魂就可以离开身体上升到天空或是下降到地下的世界，为自身或是族人寻找知识、能量以及有关治病、狩猎的信息，向神祇请愿，寻回迷失的病人的灵魂，或是引渡亡灵至永生之处。在其灵魂飞翔的时候，他甚至可以化身为一种动物，比如一只翱翔的大鸟，或是一只勇猛的狮子。

迷幻状态是萨满同神界沟通时所必须具备的技能。而萨满神话的历险部分也是从萨满进入迷幻状态开始，至萨满恢复清醒状态而结束的。莫非迷幻恍惚状态就是关键所在？

神经心理学的发现

20世纪20年代，有个名为海恩里希·克鲁威尔的美国心理学家在进行系统的视觉成像研究时惊奇地发现，当人在电流刺激、火光闪烁、药物、过度疲劳、感觉剥夺、精力过分集中、操纵听觉、偏头痛、精神分裂、换气过度、节奏运动等手段的作用下，产生意识变态，也就是迷幻恍惚状态时人的神经系统和视觉系统不依靠外部的光源就能够产生一系列的知觉形象。

美国心理学家罗纳尔德·西格尔在这个发现的基础上随后提出了一个神经心理学模式，根据这种意识变态程度的深浅，将那些景象分为三个阶段。

第一阶段是意识变态程度最浅的阶段。在这一阶段里，人们可以看见诸如点、之字形、格子、成组的平行线、鸟巢状曲线以及旋转状曲线等各种几何形状。有些纹样似乎具有某种意义，但是另一些纹样却并无实质上的意义。

第二阶段，主观意识似乎要把这些几何图像同具有宗教和情感意义的物体联系起来。比如，当这个人渴了的时候他的眼前或许会出现杯子的图景，当他恐惧的时候或许他的眼前会出现炸弹的影像，一个之字形纹或许就成了一条蛇。

第三阶段是迷幻程度最深的阶段。在这个阶段中，人们会经历一个旋涡或是一段隧道，旋涡或隧道的尽头是明亮的光。在旋涡的内表上还会出现方格纹，在方格的不同的间隔中会出现人、动物、怪物等与人们主观意识或是文化背景有关的图像。当上述题材从隧道的尽头浮现时，人们会发现它们实际上处于一个奇异的迷幻世界之中，人类、怪物都愈发显得清晰和真实。人们感觉到自己能够飞翔或是已然变成了某种鸟类。

人类学家在这个模型的指导下考察了世界各地的原始民族文化，居然发现了很多有趣的东西。在南非土著的岩画中，三个迷幻阶段的图案居然都能找到。尤其是第三阶段的图像十分清晰，这些图像包括动物、怪兽和人兽合体等。在美国加利福尼亚大盆地肖肖尼科索印第安人的岩画中，以及欧洲旧石器洞穴壁画上，人们也能发现心理学家展现给大家的那些圆点、格子、之字纹、巢状曲线以及其他几何符号。另外，洞穴壁画中的半人半兽、怪物以及动物图像也与迷幻状态第三阶段非常吻合。

一次萨满旅行的实验

如此一来，似乎真相大白，原来原始民族的神话想象都是由心理迷幻而来。可是心理学家展示给人们的都是些分散的图案，并不是有头有尾的神话故事。毫无神性的普通人如果进入迷幻状态，是不是也能进行一次具有完整故事情节的萨满式旅行呢？

一位叫做海里特·弗朗西斯的美国女画家曾通过服用迷幻药物进行了这种实验，醒后她用九幅图画描述了她在迷幻状态下的死亡—再生经历。

开始进入迷幻状态时，她的感知被改变，周围的一切变得不再熟悉。随后她感觉到自己在通过一个旋涡样的隧道和象征着死亡和毁灭的骷髅形符号向下堕落。在下层世界中，她经受着被刺穿和被折磨的感觉，周围是死亡的景象，一片萧条。她被撕裂得只剩下了骨架，在她的上方有一线光亮，她挣扎着不顾一切地向那线光亮奔去。当她挣扎着从这个充满了死亡和毁灭气息的王国逃走的时候，她感到有人向她伸出了援救之手。她看见了一只鸟，于是向那只鸟恳求帮助。她的身体开始重新形成，获得了新生，而鸟则环绕四周陪伴她。

这可以说是一个情节完整的故事，让人联想起尼山萨满的历险经历。旋涡样的隧道、骷髅形符号、鸟等物像均为神经心理学模式的第三阶段的典型标志。萨满们很有可能就是在进入深度迷幻状态的时候，经历了他们的神话故事。

现在我们基本上可以肯定，神话诞生于萨满的深度迷幻下的所见所闻，而并非是人们异想天开的杜撰。而世界各地不同民族的英雄神话之所以具有大同小异的故事情节，也是因为它们具有相同的产生方式——迷幻。几千年前，在某一个古老部落的营地中，一位身着奇装异服，手持各种神秘道具的萨满饮下烈酒，或者神秘的草药，然后在舞蹈中进入癫狂的迷幻状态。清醒之后，他将自己的神奇经历告诉给虔诚的部众。于是，一段英雄历险的神话就诞生了。这一幕很可能在各个古老民族的历史上都多次出现，创造出大量具有雷同故事结构的神话。这就是人类千古以来为之陶醉的神话的真相。

请离我远一点！

> 任何人都需要在自己的周围设置一个自己可以把握的自我空间，就像一个无形的"气泡"一样为自己"割据"一定的"领域"。

神秘的气泡

善于观察外部世界的细心人会发现：鸟儿在电线上站成一排，互相保持一定的间隔，恰好使谁也啄不到谁；陌生的顾客在餐厅里总是尽可能错开就座，尽可能地不靠别人太近。这些都是我们司空见惯而又习以为常的现象。然而，20世纪60年代心理学家沙姆却做了个有心人。他在现实生活中对这类现象进行了大量的观察，最早提出了个人空间的概念。

他认为，每个人的身体周围都存在着一个既不可见又不可分的空间范围，对这一范围的侵犯和干扰将会引起人的焦虑和不安，这个"神秘的气泡"随身体移动而移动，它并不是人们的共享空间，而是在心理上个人所需要的最小的空间范围。在电车或电梯上一拥挤，人们就会产生一股难言的苦闷感，这并不仅是因为空气闷热，而且还因为我们每个人的个人空间——那个神秘的气泡受了侵犯。

一位心理学家作过这样一个实验。在一个刚刚开门的大阅览室里，当里面只有一位读者时，心理学家就进去拿椅子坐在他或她的旁边。实验进行了整整80次。结果证明，在一个只有两位读者的空旷的阅览室里，没有一个被试者能够忍受一个陌生人紧挨自己坐下。在心理学家坐在他们身边后，被试验者不知道这是在作实验，更多的人很快就默默地远离到别处坐下，有人则干脆明确表示："你想干什么？"

这个实验说明了人与人之间需要保持一定的空间距离。任何一个人都需要在自己的周围有一个自己把握的自我空间，它就像一个无形的"气泡"一样为自己"割据"了一定的"领域"。它的存在是为了保护你的个人环境免于大量的社会侵害。而当这个自我空间被人触犯你就会感到不舒服，不安全，甚至恼怒起来。

我能走近些吗？

一般而言，交往的双方会根据不同的人际关系，调节自己的"气泡"大小。美国人类学家爱德华·霍尔博士为此划分了四种人与人之间的距离。

1. 亲密距离。这是人际交往中的最小间隔或几无间隔，即我们常说的"亲密无间"，双方的距离可以近到15厘米以内，彼此间可能肌肤相触，耳鬓厮磨，以至相互能感受到对方的体温、气味和气息。最远的距离在 15 厘米—44 厘米之间，身体上的接触可能表现为挽臂执手或促膝谈心，仍体现出亲密友好的人际关系。

亲密距离只限于在情感上高度密切的人之间使用。在同性别的人之间，往往只限于贴心朋友，彼此十分熟识而随和，可以不拘小节，无话不谈。在异性之间，只限于夫妻和恋人之间。因此，在人际交往中，一个不属于这个亲密距离圈子内的人随意闯入这一空间，不管他的用心如何，都是不礼貌的，会引起对方的反感，也会自讨没趣。

2. 个人距离。这是人际间隔上稍有分寸感的距离，直接的身体接触比较少。彼此最近距离为 46 厘米—76 厘米之间，正好能相互亲切握手，友好交谈，这是与熟人交往的空间。陌生人进入这个距离会构成对别人的侵犯。最远距离为 76 厘米—122 厘米。

人际交往中，亲密距离与个人距离通常都是在非正式社交情境中使用，在正式社交场合则使用社交距离。

3. 社交距离。这已超出了亲密或熟人的人际关系，而是体现出一种社交性或礼节上的较正式关系。最近距离为 1.2 米—2.1 米，一般在工作环境和社交聚会上人们都保持这种程度的距离。一次，一个外交会谈的座位安排出现了疏忽，在两个并列的单人沙发中间没有放增加距离的茶几。结果，客人自始至终都尽量靠到沙发外侧扶手上，且身体也不得不常常后仰。

社交距离的最远距离为 2.1 米—3.7 米，表现为一种更加正式的交往关系。公司的经理们常使用一个大而宽阔的办公桌，并将来访者的座位放在离桌子一段距离的地方，这样与来访者谈话时就能保持一定的距离。如企业或国家领导人之间的谈判，工作招聘时的面谈，教授和大学生的论文答辩等，往往都要隔一张桌子或保持一定距离，这样就增加了一种庄重的气氛。

在社交距离范围内，已经没有直接的身体接触，说话时也要适当提高声音，需要更充分的目光接触。如果谈话者得不到对方目光的支持，他（或她）会有强烈的被忽视、被拒绝的感受。这时，相互间的目光接触已是交谈中不可缺免的感情交流形式了。

4. 公众距离。这是公开演说时演说者与听众所保持的距离。最近距离为3.7米—7.6米，最远距离在7.6米之外。这是一个几乎能容纳一切人的"门户开放"的空间，人们完全可以对处于空间的其他人"视而不见"，不予交往，因为相互之间未必发生一定联系。因此，这个空间的交往大多是当众演讲之类，当演讲者试图与一个特定的听众谈话时，他必须走下讲台，使两个人的距离缩短为个人距离或社交距离，才能够实现有效沟通。

大人物有大气泡

人际交往的空间距离不是固定不变的，它具有一定的伸缩性，这依赖于具体情境，如交谈双方的关系、社会地位、文化背景、性格特征、心境等。

不同国家、不同民族，文化背景不同，其交往距离也不同。这种差距是由于人们对"自我"的理解不同造成的。例如，北美人理解"自我"包括皮肤、衣服以及体外几十厘米的空间，而阿拉伯人的"自我"则仅限于心灵，他们甚至把皮肤当成身外之物。因此，交往时往往出现阿拉伯人步步逼近，总嫌对方过于冷淡；而北美人却连连后退，接受不了对方的过度亲热。同是欧洲人，交往时法国人喜欢保持近距离，乃至呼吸也能喷到对方脸上，而英国人会感到很不习惯，步步退让，维持适合于自己的空间范围。

社会地位不同，交往的自我空间距离也有差异。一般说来，有权力有地位的人对于个人空间的需求相应会大一些。我国古代的皇帝，坐在高高的龙椅上，与大臣们拉开了较大的距离，独占较大的空间。所有这些，都表现了皇帝至高无上的权力与地位。当人们接触到有权力有地位的人时，不敢贸然挨着他坐，而是尽量坐到远一点儿的地方，这都是为了避免因侵犯他的自我空间而惹他生气。

此外，人们对自我空间需要也会随具体情境的变化而变化。例如，在拥挤的公共汽车上，人们无法考虑自我空间，因而也就容忍别人靠得很近，这时已没有亲密距离还是公众距离的界限，自我空间很小，彼此间不得不通过躲避别人的视线和呼吸来表示与别人的距离。

然而，若在较为空旷的公共场合，人们的空间距离就会扩大，如公园休息亭和较空的餐馆，别人毫无理由挨着自己坐下就会引起怀疑和不自然的感觉。所以，人们有时会试图通过选择适当的位置来独占一块公共领地。如在公园休息亭，如果你想阻止别人和你同坐一条长凳，那么从一开始你就要坐在长凳的中间，这就会给人一种印象，似乎凳子比较短，这样你就能成功地在一段时间里独占这条凳子。

了解了交往中人们所需的自我空间及适当的交往距离，就能有意识地选择与人交往的最佳距离，而且通过空间距离的信息，还可以很好地了解一个人实际的社会地位、性格以及人们之间的相互关系，更好地进行人际交往。

迷信的鸽子

> 迷信其实是人们为一个结果找到了一种错误的原因，并且深信不疑。

人们总是会有这样那样的迷信行为，比方说，忌讳从梯子下走过，忌讳踩到裂缝等。很多人不愿意承认这一点，但是某些时候人们的确会因为迷信而做某些事情。心理学家认为，人们这样做的原因是他们相信或推测在这种举动与某种结果之间存在联系，即便是在实际情况下两者并不相关。

那么这种迷信是怎样产生的呢？心理学家曾经用鸽子作过一个实验。

心理学家设计了一个箱子，在这个箱子里有一个食物分发器，每隔 15 秒就会落下食丸，不管动物当时在做什么。换句话说，不管动物做了什么，每隔 15 秒它将得到一份奖励。

研究人员选择了 8 只鸽子。先是连续几天减少这些鸽子的进食量，以便让它们在测试时处于饥饿状态，随后让每只鸽子每天在实验箱里待几分钟，对其行为不作任何限制。当鸽子进入箱子里的时候，食物分发器每隔 15 秒便自动喂食。

几天后，研究人员便开始记录鸽子在箱中的行为。结果非常令人惊讶，8 只鸽子中的 6 只在等待食物落下的时候，都会做出一些奇怪的举动，一只鸽子总是在箱子中逆时针转圈；另一只则反复将头撞向箱子上方的一个角落；第三只不断向上抬头。还有两只鸽子的头和身体呈现出一种摇摆似的动作，它们头部前伸，并且从右向左大幅度摇摆，它们的身子也顺势移动，动作幅度过大时还会向前走几步。还有一只鸽子则不断地啄向地面，却又并不接触。

上述行为都是这些曾经清醒的鸽子们从未有过的，实际上鸽子们做出的这些行为与得到食物毫无联系。然而，它们表现得就好像这样做就会产生食物似的，也就是说，它们变得迷信了。

后来，研究人员把两次投放食丸的时间间隔慢慢增加到 1 分钟，放进去一直喜欢摇头的迷信鸽子。这时，鸽子似乎更加确信自己的努力会得到回报，表现得越发精力充沛，仿佛在表演一种舞蹈。随后，研究人员想要看看这只鸽子的迷信心理能否被消除，便停止了喂食。可是这只迷信的鸽子仍然不停地跳舞，在它最终放弃这种无谓的行为之前，它摇头超过了 1 万次。可见迷信的力量有多么强大。

这次实验证明了迷信其实是为一个结果找到了一种错误的原因，并且深信不疑。一旦迷信形成，就变得非常难以消除。这是因为人们的期望值很高，期望迷信行为会产生自己想要的结果。对人类的迷信而言，拜佛求仙等类似行为总是会时不时地灵验几次，不可能像关闭的食物分发器一样永远不再打开，因此很多人的迷信行为常常持续一生。

迷信无处不在。从心理学角度看迷信是不健康的吗？绝大多数心理学家相信，尽管从定义上讲迷信行为并不会导致你想要的结果，但它们还是有积极的功能。当一个人身处困境时，迷信行为经常能产生力量，使人不再失控。从事危险职业的人比其他人更加迷信。有时候，由迷信行为带来的力量感和控制感能降低焦虑、增强信心，并提高成绩。

电影与木乃伊

> 银幕上那些俊男靓女、英雄豪杰们尽管顾盼生姿、气概非凡，实质上也跟僵硬的木乃伊一样，是人类自身的复制品。

假如有一个来自外星球的飞碟访问地球，恰巧降落在一个电影院里，悄然观察了坐在那个黑屋子里如痴如醉的人类，返回自己的星球时，飞碟乘员也许会这样向他的家人描述：地球上的人都是疯子，他们把自己的形象复制下来，投射到一大块布上，傻呆呆地盯着看，一会儿哭，一会儿笑。

我们自己想想看，电影也绝对是一件奇怪的事情，不过是印在白布上的影子罢了，既不能吃，又不能穿，人怎么会发明这样一种东西呢？其实，20世纪以来的现代人拍电影的原因，与两三千年前的古埃及人制作木乃伊的原因是一样的。

早期的电影理论家安德烈·巴赞认为，人类的潜意识中存在一种战胜时间、以生抗死的"木乃伊情结"，总是倾向于把经历过的生活尽可能真实完整地记录下来，仿佛是给时间涂上香料，如木乃伊一般，使之免于腐蚀。

古埃及人认为，人死后只要肉身不腐败，生命就留存了下来。于是，人们就将尸体处理后制成木乃伊。保存尸体，以获得永生，其实就是能打破时间的控制，能无限地在时间的长河中"存在"，也就是保存生活。

翻开人类的历史，我们不难看出，这种与生俱来、挥之不去的，并且千古不变的复制、延伸自身的冲动，一直在刺激着人类的想象力。早在原始时代，遍布于各大洲岩洞里的原始壁画就是一个佐证。那曾经站立在田野里吓唬鸟类的稻草人，还有一些民间巫术中用来替代被诅咒之人的假人,如《红楼梦》中马道婆让赵姨娘扎的代替宝玉和凤姐真身的纸人,都可以算做是人类复制延伸自身的最原始手段的体现。

后来,在几千年的文明发展史中,人们用精妙的雕塑、绘画复制自己。工业革命以后,人类掌握了更多复制自身的手段,照相、电影的出现,都为人类战胜时间提供了有力的武器。在电子科技高度发展的今天,人们甚至开始在虚拟空间中运用数字技术创造虚拟人。无论那些艺术作品多么精巧玄妙,也无论照相、电影和虚拟技术多么先进和高级,它们全都起源于同一种愿望,一种原始需要——保存和复制自己。

如果我们理解了这一点,就会明白,拍摄现场里那些拿着大喇叭把演员支使得团团转的大胡子导演们,其实与在掏空了内脏的死人身上抹香料、裹麻布的古埃及祭司没什么区别;而银幕上那些俊男靓女、英雄豪杰们尽管顾盼生姿、气概非凡,实质上也跟僵硬的木乃伊一样,是人类自身的复制品。

天才的隐私:梅毒

> 如果说,梅毒是恶魔"撒旦"的化身,让人遭受疾病的罪与罚,但疾病间歇引发的狂喜,却催生了"天才"们一系列的伟大作品。在疾病、文化和死亡交叉扭结的地带,是他们绝望而无助的灵魂在哭喊。

贝多芬、舒伯特、舒曼、波德莱尔、福楼拜、莫泊桑、凡·高、尼采、王尔德、乔伊斯、希特勒……这一连串历史上响当当的名字本来风马牛不相及,却共同遭受一种疾病的罪与罚——他们都是梅毒患者。难以置信是吗?更让人难以置信的是,这种让人难以启齿的性病居然成就了他们的天才和疯狂，甚至改变了人类的文化和历史。这是美国学者德博拉·海登在其著作《天才、狂人的梅毒之谜》中作出的惊人结论。

印第安人的报复

你可能听说过美洲的印第安人在欧洲殖民者带来的天花、黑死病面前溃不成军，几乎种族绝灭的故事。有一件事你可能不知道，被推向死亡的印第安人也同样在悲哀之中回敬了欧洲殖民者一件礼物——梅毒。而把这种病带回欧洲的正是我们那伟大的航海家——哥伦布。

1492年，当哥伦布及船员到达巴哈马群岛时，他们将此地误认为是印度。于是他们就把当地的居民叫做印第安人，并且在这块土地上安营扎寨进行休整考察。在这期间，哥伦布的船员们与当地土著居民共同生活，也与当地的女子有了亲密接触。但是他们万万没有想到的是，在土著居民中流行着一种欧洲人从未见过的可怕疾病——梅毒。很快，哥伦布和他的水手们就为自己的拈花惹草付出了代价。

1493年，哥伦布和50名船员从刚刚发现的美洲回到了西班牙，也把梅毒带回了家乡。他们通过性行为和公共浴室使得梅毒广为传播，就连宫廷内的皇室贵族都感染上了梅毒。

1494年，法国与西班牙军队在意大利的那不勒斯地区展开拉锯战，在西班牙军队中曾有一些随哥伦布远航新大陆的士兵，他们原已染上梅毒，又将此病传染给了那不勒斯地区的妇女。这些患病妇女随即又将此病传染给法国军队。由于这种病症发生在法军入侵之后，于是当地人把这种病叫做"法国病"。而入侵的法国人反唇相讥，把这种病叫做"那不勒斯病"，德国人则称它为"西班牙疮"。谁都不愿意把这个不光彩的病与自己的国家或城市联系上，所以互相谴责是别人带给了他们这个恶疮。

此后梅毒不断扩展，西方社会的每个阶层都开始经常性地出现梅毒症状。葡萄牙的商船队把梅毒送到了亚洲，同时犹太人和伊斯兰教徒又将梅毒运往非洲。由此，梅毒传遍了全世界。

黑暗中的毒药

梅毒是由一种运动起来有点像蝌蚪的叫做梅毒螺旋体的微生物传染的。初起时为全身感染,但病程缓慢,在发展中向人体各器官组织入侵,也可潜伏多年,并且如同善于模仿的魔术师一样,以各种各样其他疾病的症状出现。发病时身体的每个部位都会感到疼痛。

1530年,意大利维罗那的医生兼诗人弗莱卡斯特罗发表了题为《西菲利斯:高卢病》的诗作。这首诗讲述了一个名叫西菲利斯的年轻牧羊人,侮辱了阿波罗神;神为了报复,让这个年轻人的肢体断落,让他的骨头、牙齿暴露直到腐烂,他的呼吸发出臭气,而且不能发出声音。这描述的就是梅毒。

许多末期梅毒患者将会精神错乱和瘫痪,但是在发疯之前,患者会感到充满创意的兴奋喜悦,精力充沛,兴致高昂,感知能力大大提高,洞察力敏锐,甚至具有近乎神奇的知识体验。就仿佛浮士德博士与魔鬼做的交易,以此来补偿长期患病的痛苦和失望。

梅毒患者们忍受着极度的痛苦与狂喜的兴奋,有时沮丧得想要自杀,有时变成妄自尊大的偏执狂,到了末期还会可怕地发疯。因此,梅毒深深地影响了他们的世界观、性行为与人格,如果他们是艺术家,当然也影响了他们的创作。

贝多芬的命运

19世纪的医学界都认为,我们伟大的音乐家贝多芬患过梅毒。贝多芬经常嫖妓。曾经有医生认为,正是贝多芬的梅毒引起第八对脑神经受损而耳聋,以及肝脏疾病。

贝多芬晚年,经常有人看到他在维也纳大街上疯狂跺脚,头发飞扬,边走边哭,或是哼着走调的曲子,似乎在与生命搏斗。他走路时大声怒吼,像是在赶牛。街上的小孩喜欢捉弄他,有一次他还因为窥视别人的家而被警察逮捕。他已经不在乎自己的外表了,邋里邋遢看起来就像个流浪汉。朋友晚上潜入他的房间,将干净的衣服放在床边,他似乎都没发觉。

梅毒是如此深刻地影响了贝多芬的世界观、人格和后期的音乐创作，那无与伦比的音乐力量产生于其生命末期的痛苦、绝望和心理亢奋，而《欢乐颂》正是贝多芬处于精神幻觉和分裂症状时创作的重要作品。

凡·高的耳朵

画家凡·高的一生都在19世纪欧洲的动荡年代中颠沛流离，在巴黎和妓女同居时患上了梅毒。根据医生的纪录、朋友的叙述和来往信件，我们可以看到，他的确有幻觉，会莫名地听见声音。但是，通常患病前都有预兆，知道快要发作。他对什么是真的、什么是幻象，非常清楚。

在他的创作后期，凡·高变得又粗鲁又有攻击性，最后他用一把剃须刀从自己的左耳上割下了一块肉。他立刻被送往医院。过了几天以后精神病发作的症状逐步消失，他又能够清楚地思考问题，然而他却对割自己耳朵的事件一点儿也不知道。以后，他的精神病反复发作。

尽管如此，凡·高的创作热情却非常高涨，平均每星期还能创作出两幅画，并且显示出独特的风格。他试图用色彩的"可怕性"来表达"可怕的人们和可怕的狂热"。他摆脱了自己传统的绘画模型的色调，并用自己想象出来的独特颜色取而代之，从而使这些颜色增添了象征性的价值和启发性的力量。这些画的色彩和造型具有幻觉的特点，越来越精彩，直到他达到表现主义的顶峰。1897年，他第7次从精神病院出来之后不久，开枪自杀身亡，年仅37岁。

"超人"尼采

凡是读过德国哲学家尼采晚期著作的人，无一不为他的敏捷、锐利和冷静所折服。他的书里蕴藏着惊人的能量，炽热的温度，远远超出常人，这就是所谓的"超人"吧。但是他也是个梅毒患者。

在普法战争中当医疗勤务兵的时候，尼采在妓院里染上梅毒。许多传记作家都认定这是造成其20年后精神崩溃的原因。他一辈子都受到梅毒的折磨。梅毒让他头疼难忍，视力模糊，浑身抽搐，呕吐黏液，但他的头脑却变得异常清醒，思想变得无比有力，这都是可怕的梅毒干的好事。在病毒的折磨下，他的思想穿透了怀疑和虚无，重估一切价值，建立了以权力意志为核心的超人哲学。他所拥有和表达出来的"意志力量"是前人所不及的。

有些学者发现，尼采最后的作品最能成熟地表达他的哲学思想，没有任何即将发疯的迹象。1883年，他仅用10天时间就完成了《查拉图斯特拉如是说》的第一部分。1888年，他用半年的时间完成了《瓦格纳事件》、《偶像的黄昏》、《反基督徒》、《看哪这人！》和《尼采反对瓦格纳》等五部重要著作。

然而，1889年，在都灵的大街上发生了悲剧性的一幕：尼采抱住一匹正在受马夫虐待的马的脖子，最终失去了理智。就好像潜伏了几十年的梅毒螺旋体的大军在一天之内突然醒过来，并且一起进攻脑部。随后，这位伟大的哲学家便从一生思想的最高峰突然变成胡言乱语的痴呆。1900年，尼采在发疯中死去。

"狂人"希特勒

希特勒当年的病例显示，他的心脏一直有问题：经常心律不齐，或者说鼓膜有伴音，而那是由于梅毒感染伴发主动脉炎引起的。众所周知，希特勒晚年动辄癫狂暴怒，人们原先以为是他怪癖的性格使然，而现在终于找到了病根：原来是梅毒侵染了他的大脑，使他患上了脑炎，导致神经功能紊乱。在生命的最后几年里，希特勒常常被各种疾病困扰，如头晕目眩、胸闷气短、胸口疼痛、肠胃不适、颈部长满脓疱、胫骨受损导致小腿肿胀，有时甚至连皮靴都穿不上……而诸如此类的病症都是梅毒感染的典型症状。

身患梅毒使希特勒对女性非常冷淡，对这种恶疾的痛恨使他在自己唯一的个人传记《我的奋斗》中花13页纸的笔墨来阐述德国根除梅毒的重要性。希特勒晚年之所以变成了一头嗜血的恶魔，很可能与他知道自己患上了绝症有关。在当时的医疗条件下，感染上梅毒就意味着宣判了死刑。一个垂死的人还会顾及什么呢？于是他疯狂地转移自己的注意力，把绝望发泄在世界大战和大屠杀上；也许没有任何一件事情能比亲眼目睹无数人惨死给希特勒带来更多的生命乐趣。

如果说梅毒是恶魔"撒旦"的化身，让人遭受疾病的罪与罚，而疾病间歇引发的狂喜却催生了"天才"们一系列的伟大作品。这也许是上帝跟人类开的一个玩笑。在疾病、文化和死亡交叉扭结的地带，我们熟悉的天才和狂人们发出了"梅毒"患者绝望而无助的灵魂哭喊。

天生反叛的"弟弟们"

> 由于哥哥与弟弟从一出生起在家庭中所占有的地位，所受到的关注，所拥有的资源就都不相同，他们在逐渐成长中便形成了不同的性格。

1881年，当22岁的达尔文乘坐英国皇家舰艇"猎兔犬号"开始作环球航行时，他的脑子里装的还是当时陈旧落后的自然科学的观点，认为每一种生物的形式都是固定不变的实体，是上帝为了特别的需要而创造的。但是经过这次环球旅行之后，达尔文却根据自己的观察彻底颠覆了过去的看法，提出所有自然界的生物都经历了一个漫长的历程，万物都处在不断的变化之中。这个结论令当时的权威人士倍感吃惊，大名鼎鼎的美籍瑞士博物学家和地质学家阿加西愤怒地驳斥道："这是科学的错误，论据不真实，它的倾向性也极其有害。"

究竟是什么原因造就了达尔文那样不拘泥于传统的思维？为什么激进革新的观点会让阿加西那样的权威人士如此怒不可遏？根据美国麻省理工学院的心理学家弗兰克·萨洛韦的理论，这两件事并非偶然的巧合，而是因为达尔文在家中8个孩子中排行第5，而阿加西自小在家中是长子的缘故。

龙生九子各不同

出生顺序对人的性格有影响？看来这不是一句疯话。20余年来，萨洛韦对16世纪以来400多年间在科学史上作出过重大贡献的2784位男性科学家进行研究，结果发现在科学史上的很多争议之中，哥哥、弟弟们的态度常常泾渭分明，如对待哥白尼的太阳中心说和达尔文的进化论，弟弟妹妹们持赞同意见的人数是他们哥哥姐姐们的5倍。相反，在对待一些较为保守的新学说如"优生学"上，长子、长女们持赞成的态度，而弟妹们则坚决反对。

最不愿接受新理论的是那些家中有弟弟的长子。然后依次是独生子，排行较小的大儿子（有姐姐并且至少有一个弟弟），排行较后的独子（有姐姐但无兄弟）。而最富叛逆、创新精神的是那些至少有一个以上哥哥的小弟弟们。这些"小弟弟"们在上述2 784位科学家中占了绝大多数，如达尔文、哥白尼等。

"对科学的发展有过重大建树的科学家，他们身上的叛逆精神是一种天赋，而非后天造成的。而出生顺序对科学家是否会拥有这种叛逆精神，则具有重大的影响。"萨洛韦最后作出这样的结论。

也许有人会反驳，大科学家爱因斯坦就是长子，有些诺贝尔奖获得者也是长子。萨洛韦对此是这样解释的："诺贝尔奖是授予那些解决了科学上公认的难题的人士的，而长子们正好在解答公认的难题方面较擅长；而'小弟弟'们则对一些未曾尝试过的全新的想法更感兴趣。"

萨洛韦随后将调查范围扩大到政治领域，结果同样发现了哥哥保守、弟弟激进的情况。从新教改革到民权运动，弟弟们的观点总是比哥哥们自由激进得多。根据萨洛韦的调查统计，在美国的禁酒运动中，年幼者参加左翼激进的立场的人数是他们兄长的18倍。从18世纪中叶解放黑奴的运动中，也可以看出出生顺序如何影响人们的政治态度。这就难怪像圣雄甘地、马丁·路德·金、托洛茨基、卡斯特罗、阿拉法特等在家中都是小弟弟。

偏爱"哥哥"的自然策略

为什么同胞兄弟的性格会有如此显著的差异？这首先应该从哥哥先天就具有的优势谈起。对于自然界中的动物来说，父母要为孕育胎儿、养活幼子整天忙碌，积蓄营养，寻找食物，付出非常大的代价。可是有时候，这些可怜的父母并没有能力将所有的子女都养大，很可能出现幼子因为食物不足或者照料不周而夭折的情况。为了避免前功尽弃，一无所获，这些父母也许就会对孩子中的某一个特别照顾，而放弃其他的。从这个角度讲，父母在几个孩子中有所偏爱是一种自然的策略。

对于人类来说，同样是这样。在传统社会，常常有"杀婴"行为发生，就是为了减轻负担，养活其他孩子。为了保证成功率，父母很可能会重点保护年龄较大、已经度过生命中最为脆弱的时期、长得比较茁壮的孩子，也就是长子。

到了现代社会，人们的物质条件已经相当丰富，"杀婴"这种残酷习俗早已消失，可是父母们仍然较为看重头生子女。因为出生顺序靠前的子女通常挺过了更多的儿童期疾病，更有可能活到成年，而且他们也会更早地生育出第三代。于是在绝大多数民族中，头生子女都拥有相当高的地位。在分配遗产的时候，也常常是头生子女获利最多。

家庭中的进化论

由于哥哥与弟弟从一出生起在家庭中所占有的地位、所受到的关注、所拥有的资源就都不相同，在他们逐渐成长的过程中便形成了不同的性格。萨洛韦认为这其实隐含着自然界生存选择的原理，跟同一祖先的生物面临不同的自然环境最终会变成不同的物种是同样的道理。

对于同胞兄弟来说，相互竞争以便最大限度地扩大父母在自己身上的投资是非常重要的。他们会试着以直接的方式吸引父母的关爱，比如说帮父母干家务，听从他们的教训，好好读书。也可以试着支配自己的兄弟，让他们不要碍手碍脚跟自己争抢资源。而那些被兄弟支配的孩子则会采取各种对策，比如让步、反叛。

在幼年的大部分时间中，哥哥一般都比弟弟更高、更壮、更聪明，因而自信心更强。因为具有相当优越的家庭地位，哥哥也会像猴子和猩猩中的雄性头领一样，为维护自己的特殊地位而战，因此成年以后的哥哥们在社会交往中也往往处于支配和防卫的地位。在著名科学家之中，同为头生子女的牛顿和莱布尼兹就曾经为争夺微积分的首创权大动干戈，甚至互相抹黑，令公众大为震惊。

而个头较小的弟弟却不得不谨慎地将身体对抗降低到最小程度，采取合作的态度，更容易宽容和放弃，长大以后往往更富于同情心，更喜欢交际。达尔文在这方面则显得非常宽容，他曾经主动把华莱士的论文公布于众，即使丧失自己对进化论的优先权也不在乎。后来这两个特别具有骑士风度的后生儿子成为非常好的朋友。

作为父母早期的帮手，哥哥们比弟弟妹妹们更认真谨慎，更倾向于赞同父母的是非标准和价值观，所以哥哥显得更愿意负责任，更喜欢接受权威。而弟弟们却因为与父母的认同比较少，又一贯受到哥哥的压制，变得不喜欢遵守惯例，有叛逆倾向。长大以后他们往往热衷于支持平等主义的社会变革，也乐于冒险。身为后生儿子的达尔文唯一一次对自己的孩子发火，就是因为他的长子嘲笑了反奴隶制委员会的捐款活动。父子二人对奴隶制的不同态度似乎证明了出生顺序对政治倾向的影响。

由于家庭条件的限制，弟弟们常常表现得多才多艺，心胸开放。这一方面可以减少与哥哥的竞争，另一方面也有可能吸引父母的关注，争取更多的资源。如果这些还无济于事的话，至少还可以让这些无助的小弟弟们具备更强的独立能力，不必完全依赖父母。伏尔泰在家里的3个孩子中排行最末，于是在物理、博物学、伦理哲学、历史和文学5个领域中取得成就。本杰明·弗兰克林在17个兄弟姐妹中排行第15，也在6个领域中成名。而17世纪的耶稣会士基尔舍，是9个孩子中最小的儿子，竟然在10个不同的学科领域发表过论文，不过因为精力过于分散，没能取得很高的成就。

然而，这并不是说出生顺序能够决定生活的一切，因为事物总是存在例外的情况。萨洛韦也承认出生顺序的影响能够被其他因索所抵消、放大或者掩盖，比如年龄就会使大多数人趋于保守，从而冲淡出生顺序的影响。另外，先天的缺陷、与父母的冲突都会改变孩子在家庭中的地位，进而改变他们的性格。

萨洛韦的著作招致了不少社会科学家的反驳。但是无论如何，萨洛韦揭示了一点，那就是在我们人类温情脉脉的家庭中，也存在着相当复杂的社会结构，这塑造着孩子们的心灵。

兰陵王的狰狞"面具"

> 人在社会生活中，既要学会戴面具，也要学会何时把它摘下来。

在南北朝时期，北齐和北周之间的战争历经数十年不止。公元564年的冬天，北齐重镇洛阳被北周十万大军围困，守城部队已经弹尽粮绝，形势岌岌可危。城外的北齐援军竭力拼杀，但是面对北周军队的铁桶阵，实在难以突破。洛阳城的守军心里已经绝望了。就在这危急的关头，北齐军队的一员将军，率领了五百士兵冲向千军万马的北周军队。这位将军身穿铠甲，手握利刃，在人群中格外醒目，然而最吸引人的是他的脸部，他的脸上戴了一个面目狰狞的面具，看到叫人不寒而栗，北周的军队竟然拦不住他。

这位将军率领着五百士兵在北周军队中杀出一条血路，冲到洛阳城下。此时的城内守军已成惊弓之鸟，疑心有诈，不敢贸然打开城门。他们要求这位将军摘下面具，亮出他的本来面目。将军答应了，当他摘下面具以后，城内的守军顿时欢声四起，因为这位戴面具的将军不是别人，正是北齐一代名将，兰陵王。

兰陵王就是北齐文襄皇帝高澄的儿子高肃。他武艺高强，非常勇猛，但是却有一个天生的"缺陷"——俊美得像纤洁的女子。如果搁现在，兰陵王做个偶像派明星应该没什么问题，可惜他当时的任务是打仗。三国时的张飞长得豹头环眼，燕颔虎须，一声大喝就能吓退曹兵，而兰陵王上了战场却只能被对手嘲笑。于是，这位苦恼的帅哥就命人制作了一些狰狞可怕的面具，每逢出战时戴在脸上，使敌人心惊胆寒，从此常胜不败。直到今天，冀南一带还有戴鬼脸面具的习俗，就是起源于这个典故。

怯懦的硬汉

兰陵王面对敌人的时候，戴上可怕的面具，而面对自己的军民时，便露出俊美的面容。其实每一个人都像兰陵王一样，在不同的场合戴着或摘下"面具"。瑞士心理学大师荣格认为，人在潜意识里具有一种能力，能够依照不同的情景场所调整自身角色，就好像戴着看不见的"面具"。

著名的美国文豪海明威无论是在现实生活中，还是在他自己的小说中，都给人们留下了刚强坚忍的硬汉子形象，但是在心理学家们看来，在海明威"强悍"的人格面具背后，却隐藏着另外一个海明威。很多学者评述说：海明威在外表上极力压制他性格上多愁善感的一面，装出一副男子汉豪放不羁的形象。他用残忍当盾牌，以掩盖其惊人的胆怯和敏感。

据说在幼年时期，母亲兴致勃勃地给他穿粉红色方格花布连衣裙，戴着饰花的宽边帽，把小海明威打扮得同他的姊妹一模一样。正是这种颠倒性别的抚养方式，加之母亲的骄纵自私、专横冷漠、男性气质十足，致使海明威长大以后对自己的性别产生了一种不确定感和恐惧感。为了躲避这种恐惧感，海明威努力向世人展示其硬汉子形象。他对自身的男性特征和其他男人对他身体的某个部位的评论十分敏感，而且常常因为关于身体特征的闲言碎语大打出手，或在众人面前狂饮，并故意露出胸毛以示阳刚之美。

海明威塑造的人物也同样戴着刚强的面具：在炮火中救助战友的

英雄，不怕死的斗牛士，不知畏惧的记者，酒精爱好者，当然最重要的还有——在女性世界中无坚不克的性感人物……这些人从不抱怨，从不唉声叹气，以巨大的毅力默默忍受生活的痛苦，表面上还得尽量装着若无其事。尽管心在流泪，伤口在流血，但他却努力地以一种超然洒脱的态度去迎接生活，在痛苦的现实面前强颜欢笑，故作洒脱，以维护自己在他人面前的英雄形象。

精神上的胜利给了这些失败者和其创造者做人的尊严和勇气，同时又给他们戴上一副副面具，以掩盖起其内心深处的懦弱和自怜。

人为什么要戴上面具？

面具是公布于众的自我，它是由于人们必须在社会中扮演各种角色而发展起来的。人在外界明显的或潜在的各种伤害的威胁下，为了获得生存、满足需求而不得不违心地扮演各种角色。面具是人与外部环境协调的部分，是心灵的一部分。面具保证了一个人能够扮演某种性格，而这种性格却并不一定就是他本人的性格。

面具是一个人公开展示的一面，其目的在于给别人一个很好的印象，以便得到社会的承认。相反，如果我们不能在不同的环境中灵活地表现自己，就可能导致情绪上的忧伤或适应不良。面具对于人的生存来说是必需的，它保证了我们能够与别人，甚至与那些我们并不喜欢的人和睦相处。每个人都可以有不止一个面具，上班的时候戴的是一副面具，下班回家戴的是另一副面具。"面具"在人与复杂社会的接触中起到润滑剂的作用，同时也是人的一种修养。如果人完全按照内心中的阴影来生活的话，将会给自己带来很大的危险，而且也不会顺利满足自身的需求。这时就需要面具来帮助自己。一个人如果不善于根据外界的情境来表现出有别于本性的行为，那就会受到社会的歧视和攻击。

戴着人格面具的领袖人物，常凭着极高明、极微妙的手段操纵他人。他们总是表现得那么谦卑，富于牺牲精神，但顷刻间每个人都会来为他出力。在这方面，刘备可称表率。望见百姓"扶老携幼，将男带女，滚滚渡河，两岸哭声不绝"，他就要投江而死；赵子龙单骑救主,他就要摔阿斗。荣格心理学认为,这就是典型的经过化妆后的权力情结。一个人在与他人的关系上表现得极端柔顺而谦恭,总说"不要管我",但他总能达到自己的目的,实现对他人的操纵。这种人将自己对某种事物,特别是权力的积极兴趣隐藏在强烈的消极态度背后,他大声反对的东西,事实上是他内心真正想要的。这样我们就可以理解为什么宋江总是极力向每个上山的好汉出让头把交椅,刘备又为何对称王称帝如此断然拒绝。

是"宋江"还是"李逵"?

在阅读中国古典通俗小说时,常常会有一种有趣的人物搭配跳将出来吸引我们的注意,那就是仁德宽厚的主人公与粗野滑稽的伙伴的奇特组合。长厚君子刘玄德和怒目圆睁的猛张飞;孝义三郎宋江和黑旋风李逵;智勇双全的秦叔宝和胡搅蛮缠的程咬金。他们在整个故事中几乎形影相随,一庄一谐,相映成趣。

第二炮兵指挥学院的学者褚燕认为,这种成双成对、完全相反的人格搭配,其实就是一个故事主人公以面具和本真两种态度示人的体现。刘备、宋江、秦叔宝等人是典型人格面具的象征。他们自觉地扮演着为社会普泛道德所称颂的角色,在不同的社会关系里还戴着不止一副的人格面具:家庭生活中,他们是孝子严父;皇权下,他们是忠臣勇将;在自己领导的集团内部,他们又是仁德的领袖。不同的境遇中,正统人物总可以从众求同,为社会认可,从而成为被所有阶层崇拜的"经典英雄"。

而张飞、李逵、程咬金其实才是故事主人公的真实面目。这些粗莽英雄粗眉浓发,满脸横肉,狂野不拘,完全是一副未经教化的原始人模样,就连他们漆黑的肤色也让人联想到文明之火点亮前那幽深恐怖的黑暗。他们代表着文明人内心深处被压抑的兽性,或者说是"邪恶的无法无天的因子"。他们的所作所为往往是正统英雄们碍于人格面具不便实行的真实想法。

在《水浒传》中,宋江本性温和,颇有策略,很少发火,但是每逢李逵反对宋江接受招安的政策,他都会怒不可遏,呵斥李逵时似乎是在谴责自己内心那不可告人的部分。《杨家将》和《岳飞传》中，也总是有一个凶狠残暴的焦赞、牛皋替宽厚仁义的杨六郎和岳飞惩罚那些卑鄙小人。

摘不下来的面具

1995年我国曾经拍摄过电影《兰陵王》，在影片中，起初懦弱的少年兰陵王戴上狰狞的面具之后变成了一个狰狞、残暴的人，从此他为面具所支配，成为面具的奴仆，面具成为他人格的一部分，就算面具好不容易被取下来，它也仍然在精神上支配着兰陵王。直到母亲举行血祭，才终于唤醒迷失本性的儿子。这又是怎么回事呢？

荣格认为，面具在整个人格中的作用可能是有利的，也可能是有害的。一个人如果过分地热衷和沉湎于自己所扮演的角色，把自己仅仅认同于自己所扮演的角色，人格的其他方面就会受到排斥。像这种受面具支配的人，就会逐渐与自己的天性相异化而生活在一种紧张的状态中，因为在他过分发达的人格面具与极不发达的人格的其他部分之间，存在着尖锐的对立和冲突。很多人因为长时间戴面具而让自己感到持久的紧张，最终导致生理上的病变，比如冠心病、胃溃疡等。海明威晚年的时候用一杆猎枪结束了自己的生命，据说某种程度上也是因为无法容忍自己"硬汉面具"下的失落。

被人格面具主宰了的人，还常将自己的角色投射到他人身上，要求他人也扮演这种角色。假如他处于领导地位，那么他就会使那些在他手下工作的人们的生活变得痛苦而悲惨。岳飞的愚忠思想，宋江的招安论，使他们不仅自身为自己过于专注的扮演所害，还危及其手下的生命。

《说岳全传》中，当冯忠等人奉奸臣秦桧的命令前来捉拿岳飞，王横欲加阻拦时，岳飞道："王横，此乃朝廷旨意，你怎敢罗唣，陷我于不忠之名，罢罢，不如自刎罢了。"王横跪下哭道："老爷难道凭他拿不成？"冯忠见此光景，提起腰刀来砍王横，王横正待起身，岳爷喝一声："王横不许动手！"王横再跪下，已被冯忠一刀砍中头上，众校尉一齐上来，可怜王横半世豪杰，今日被乱刀砍死。

梁山好汉们，尤其是李逵，也是因为宋江执迷于忠义形象而成了陪葬品。所谓成也萧何，败也萧何，人格面具既能成就事业，也可以使整个事业功亏一篑。

人在社会生活中，既要学会戴面具，也要学会何时把它摘下来。我们应当使自己能够根据外界要求灵活地表现出适当的态度和言行，并学会在适当的时间和地点把面具摘下来，让自己的心灵得到放松，这就是荣格心理学理论对我们培养较好的社会适应能力、保持心理健康的重要启示。

荒岛上的残酷游戏

> 人身上邪恶的根源存在于阴影之中，比如侵略、贪婪、残酷无情。所以，人若要避免邪恶，就必须压抑和排斥阴影中的动物性一面。

疯狂的少年鲁宾逊

在一次核战争中，一架飞机带着一群男孩从英国本土飞向南方疏散。飞机因遭到袭击而迫降在太平洋的一座荒无人烟的珊瑚小岛上。这群孩子暂时脱离了文明世界。飞机没有了，大人没有了，人类千辛万苦建立起来的文明世界危在旦夕。海岛上的环境很恶劣，对侥幸生存下来的孩子们构成威胁，看起来少年鲁宾逊的故事正在上演。

在没有大人的情况下，孩子们开始了岛上的生活，为脱离管制获得自由而欣喜自若。12岁的拉尔夫是英国海军司令的儿子，他举止优雅，乐观自信。他吹响了一只螺号，将分散在岛上各处的孩子组织起来，在全体会议上当选为领袖。孩子们在拉尔夫的领导下在岛上建立文明的社会秩序，比如在指定地点大小便、遇事开会并举手发言、燃起一堆火作为求援信号等。搭帐篷，采野果，孩子们在与世隔绝的小岛上和睦相处，倒也其乐融融。

可惜，这个荒岛余生的故事并没有像鲁宾逊的故事那样发展下去。很快，有些孩子疑神疑鬼地感觉到有莫名的野兽在暗中窥视他们，包围他们。于是，一种恐惧的气氛迅速在孩子中间蔓延。小岛上的安宁和谐被打破。

接着，以唱诗班领队杰克为代表的一部分孩子，开始对拉尔夫主张的文明的、民主的做法嗤之以鼻，而崇尚人性中的原恶，以及破坏、毁灭的本能。杰克自命不凡，对拉尔夫当选领袖十分不满。他被分配去打猎，便把猎来的野猪头插在一个尖木桩上，又逼着其他孩子仿效野蛮人将脸部涂抹成五颜六色，围着落满苍蝇的野猪头狂欢，把它作为献给"野兽"的祭品，尖声叫道："杀野兽哟！割喉咙哟！放它血哟！"任凭救命的篝火熄灭，结果错失了得救的宝贵机会。

可怕的是，越到后来这种野蛮倾向就越占据上风，更多的孩子加入了这群人当中。在远离了人类文明及其规范制约之后，人性之恶得到了空前的释放，使他们渐渐步入"罪恶"的深渊。具有牺牲精神和先知远见的西蒙发现了怪兽的秘密，却被同伴当作怪兽乱石砸死；善良的"猪仔"被另一个"部落"的人抢去眼镜，因为那是取火的唯一工具，又被逼下悬崖摔死；失去权威的拉尔夫成了孤家寡人，他反对涂脸沦为"原始人"，坚守着文明的最后一道防线，结果却被杰克带领着他的士兵疯狂地追杀，甚至点燃了森林，想将他烧死。

整个海岛在熊熊大火中燃烧起来。紧急关头，一艘英国军舰发现了岛上的大火，及时赶来，拉尔夫幸免于难。拉尔夫最终实现了他被拯救的愿望，但他却感到异常悲痛，为同伴们人性的沦丧而不停地哭泣。

反扑的"阴影"

这个野蛮战胜文明的的故事出自著名英国作家威廉·戈尔丁的名著《蝇王》。当人们意识到这部疯狂的"儿童文学"作品纯属虚构的时候，常常松了一口气。但是，故事中所讲述的人性与兽性、理性与非理性、文明与野蛮等一系列矛盾冲突却仍然震撼着人们的心灵。在欲望和野蛮面前，人类文明为何显得如此草包，如此不堪一击？瑞士心理学宗师荣格给出了答案：令孩子们变得如此疯狂的是一种心理学"怪兽"——"阴影"。

荣格认为，在人类的心理活动中存在着一种具有全人类的普遍性的心理活动——集体无意识。这种心理活动可以说是从人类的祖先那儿遗传下来的，它使得人们常常会以与自己祖先相同的方式来把握世界和对某些事物作出反应，如人们常常对黑暗、蛇等有一种天生的恐惧感而并不需要后天经验的获得，就是因为我们的祖先把在长期生活经验中形成的对黑暗与蛇的恐惧遗传给了我们，但是我们却很少或者丝毫感觉不到它的存在。

在集体无意识中最核心的部分被荣格称为"阴影"。它来自人类祖先的远古遗产，包括动物所有的本能部分，是集体无意识中最危险的内容。它是人性中阴暗的、未被意识的一面，包括一切激情和欲望。人身上的一切邪恶的根源存在于阴影之中，比如侵略、贪婪、残酷无情。所以，人若要避免邪恶，就必须压抑和排斥阴影中的动物性一面。

然而，阴影却惊人地坚忍不拔，它是决不会被彻底征服的。人格中被抑制和压抑的阴影总是暂时退隐到无意识之中，并且伺机进行反扑。在梦中，它将会以各种危险可怕的形象出现，如怪兽、恶鬼等，使梦极为恐惧。阴影一旦进行反扑或突破，就会导致人格的分裂、乃至包括战争在内的灾难。人类历史上每一次大规模的战争或社会动乱后面都潜藏着阴影的巨大力量，这或许就是文明的悲剧。

在《蝇王》的故事里，离开父母、学校、法律和传统道德规范的约束，阴影首先以莫须有的"野兽"形象出现，悄悄地借助孩子们心中的恐惧，逐渐将他们变成丧心病狂、自相残杀的野蛮人。杰克对拉尔夫的正确意见置之不理，为了填饱肚子，召集自己的同党去捕杀野猪。在他们眼里，规则是无用的，而打猎则能够把自己身上的强大力量发散出来，能使自己始终处于一种爆发般的兴奋和喜悦之中。建立一个理性和有序的社会意味着他们会失去捕杀野猪的快感，意味着他们再也不能放声歌唱:"杀野兽呀!割喉咙呀!放它血呀!干掉它呀!"

最后,在求生欲主宰一切的这些孩子身上,猎食的本能一天天地抬头,他们纷纷投向了杰克。理性逐渐被野性所取代。而更让人痛心的是,为了觅食而进行的猎杀变成了对人自身的血腥的残害,人内心中的阴影完全释放了出来。野性的巨大力量使得理性的代表拉尔夫也发生了动摇:"哪一个好些?是法律和得救好呢?还是打猎和破坏好呢?"这个问题可能今天的人们也无法作出回答。

群体的怪兽

除了每个人心中都隐藏的阴影在张牙舞爪之外,荒岛上的孩子们还遭遇了另一种心理学怪兽——群体心理。所谓群体心理是指个体集聚成群体后的心理状态,无论是谁,无论他们的生活方式、职业、性格、智力水平是如何地相似或不同,只要他们构成了一个集体,他们就会处于一种集体心理的控制之下,感觉、思维以及行动上都会与他们各自独处时截然不同。

这是因为,在一个群体中人的个体身份被取消,只保留整体身份。他们的情感、观念、追求都转向同一个方向,自觉性、个性不见了。尽管作为个体每一个人都是有理性的,但有理性的个人聚合一处的时候,这种理性可能就会变成一种非理性的无意识。法国心理学家勒庞认为,群体心理有两个主要特点:一是具有天然的破坏性,二是易受暗示。这在那些孩子身上都有明显的表现。

杰克率领猎手熄灭了求救用的火堆,抢走了"猪仔"的眼镜,杀死了"猪仔"并放火烧岛来追剿拉尔夫。他们像任何其他群体一样,遵循着人多势众的原则。这一原则具有极强的迷惑性和吸引力,尤其在安全感匮乏的时候,它更是不可抗拒的。置身荒岛的孤独感和对陌生世界的恐惧,使杰克一伙在孩子们中间越来越有市场,当环境恶劣时,就连一向鄙夷他们的拉尔夫和"猪仔"也不能例外,感到迫切地想要加入这个发疯似的、但又让人有安全感的一伙人当中去。

懦弱的残忍

群体具有破坏性不只是因为它能带给人虚幻的安全感,还在于它可以释放出蛰伏在个体身上的野蛮本能,并使人因感受到力量的存在而变得兴奋。孤立的个人在生活中满足破坏的本能是很危险的,但是当他加入到一个不负责任的群体时,因为很清楚不会受到惩罚,便会彻底放纵这种本能。即使不能将矛头直接指向自己的同胞,也要先在动物身上得到发泄。

杰克和他的猎手们在捕猎时表现出的血腥,不正是他们后来惨无人道的萌芽吗?每次捕猎结束,他们甚至还意犹未尽,要找个人来扮野猪供大家殴打取乐。这种嗜血最终发展成杀人,被他们无意杀害的是西蒙,故意杀害的是"猪仔",剿杀未遂的是拉尔夫。用勒庞的话讲:"群体慢慢杀死没有反抗能力的牺牲者,表现出一种十分懦弱的残忍……这种残忍,与几十个猎人聚集成群用猎犬追捕和杀死一只不幸的鹿时表现出的残忍,有着非常密切的关系。"

会传染的幻觉

群体不仅蕴藏着巨大的破坏性,而且"永远漫游在无意识的领地,会随时听命于一切暗示"。这是因为群体的思维方式主要是形象思维,而群体中某个人对真相的第一次歪曲会在众人中造成一连串幻觉,从而成为传染性暗示的起点。《蝇王》里的"怪兽",就是这种幻觉和暗示的产物。先是一个"小家伙"声称自己见到过"怪兽"(这纯粹是他的幻觉),虽然大孩子们驳斥了他,但却难免人人心里都有了"怪兽"的阴影。因此,当两个负责在夜里看守火堆的孩子看到一具飞行员的尸体,便立刻把它当成"怪兽"。这次众人受到了更强烈的暗示,尽管派了一队人马前去证实,却再也看不见真实的情况——他们只等那"怪物"一露头,便连滚带爬地跑了回去。

最后,西蒙发现了"怪物"的庐山真面目,但当他在黑暗之中蹒跚着走出森林时,他立刻填补了"小家伙"们关于"怪兽"的想象,他们惊恐地尖声叫道:"野兽!野兽!"他们的幻觉在人群中传染,尽管大家还"吃不准爬出来的是个什么东西",却纷纷"从岩石上涌下去,跳到'野兽'身上,叫着、打着、咬着、撕着,没有言语,也没有动作,只有牙齿和爪子在撕扯"。西蒙的喊叫无法阻止众人的暴行,终于血染沙滩。真像勒庞说的那样,群体更喜欢幻觉而不是真理。

勒庞说,当文明赖以存在的道德失去威力时,它的最终解体总是由无意识的野蛮群体完成的。《蝇王》只是描写了荒岛上发生的一场残酷游戏,但是却无情地将人性中的原始面目展示了出来,当那些约束我们的力量消失的时候,谁又能保证自己不被内心中的阴影所吞噬呢?

偷窥:人人乐此不疲

> 原来偷窥早就是你生活的一部分。我们每个人都在偷窥,我们每个人都喜欢偷窥。

所有的人都在偷窥

好莱坞电影《偷窥》讲述了这样一个故事:一个名叫洛纪的男青年,对外出租自己拥有的一座公寓大厦。不过这小子可不是仅仅收收租金那么简单,他花费巨资秘密地在大厦的每一套房间的客厅、卧室甚至厕所内安装了摄影机镜头,他则坐在自己的房间里,面对着数十个电视机的荧光屏,兴致盎然地窥探每一个租客的一举一动。

电影里的其他人虽然不像洛纪下这么大工夫,也同样具有偷窥的嗜好。有一位看上去温文尔雅的淑女,毫无顾忌地借助望远镜窥探着另一幢楼房里的世界。当她碰巧看到一对夫妻的私生活时,竟然兴奋地大喊大叫。周围的人闻讯蜂拥而上,抢着去看这精彩的一幕。

影片最后,一直被偷窥的女主角发现了洛纪的秘密,既没有厌

恶，也没有愤怒，而是像洛纪一样坐在数十个荧光屏前，异常投入地观看芸芸众生的家庭生活。她也同样喜欢偷窥。

"偷窥"这个有些猥琐的行为在这个电影中似乎成了普通人的通病。看看现实生活，也许我们的身上的确都有这个毛病。娱乐明星豪宅外的灌木丛中，身后跟随的出租车里，就餐饭馆的柜台下面随时都有可能藏着一个俗称"狗仔队"的娱乐新闻记者，用高倍镜头偷拍他们的一举一动。任何不雅的举动很可能都会变成第二天报纸上的头版头条。我们都鄙视和谴责狗仔队的不良行为，可是挡不住专挖人隐私的媒体大卖特卖，读者就是忍不住想要看，你有什么办法？

电影也是偷窥

也许你坚持自己的操守，对那些挖明星隐私的报刊弃之如敝屣。可是你看电影吗？电影其实也是一种偷窥。

电影院里的基本动作是看与被看，这个基本动作不是一般的看，是偷看。影院里黑暗的气氛使人们彻底安全，你可以放心窥视，明星的大特写镜头加深了观众接近美人的机会，每个人都在释放欲望，看不见彼此吞咽口水的喉结。

有时候，导演运用的镜头手法就仿佛在偷窥，摄影机放在很多东西的后面，竹帘、花影、多重的门，层层叠叠，人物在时隐时现中走动，它不让你一览无余，让你的视线有不足，有障碍，正如你躲在阴暗的角落里偷看。

除了电影之外，电视肥皂剧、真人秀也同样是偷窥。电视剧展现给你的是豪门望族、英雄人物，甚至就是与你相差无几的普通人的生活，而你就坐在沙发的角落里观察着他们。说到这儿，你可能会惊觉，原来偷窥早就是你生活的一部分。我们每个人都在偷窥，我们每个人都喜欢偷窥。

不论挖明星隐私，还是窥视邻居生活，偷窥无所不在。我们不禁要问：为什么人们喜欢窥探别人的隐私？

偷窥是人性的需要

心理学家说，对于高等动物而言，要在世界上生存，好奇心非常重要。它必须小心谨慎地弄清楚外部世界的各种信息，才能较好地适应环境，生存下去。有时候，如果不能全面掌握周围的情况，看看同伴的行为也是好的。比如非洲草原上的斑马，总是随时注意着其他斑马的动向，如果有一只斑马开始狂奔，不管看没看到狮子，其他斑马立即跟着逃命总是明智的。

人也是这样。天生的好奇心和求知欲驱使他弄清周围的一切，更重要的是弄清身边同伴的一举一动，作为自己行为的参照，而且越是不容易了解到的东西越能引起他的兴趣。从这一点上说，偷窥别人的隐私是个人成长的需要。我们甚至可以说，人类生来就存在对隐私的好奇。喜欢窥探隐私，是天生的，是人类的天性。

这种心理需求在社会情境不确定、个体缺乏安全感时尤其强烈。当前中国正处于急剧的社会转型时期，社会生活发生了巨大变化，由此而来的竞争压力和不确定性空前提高，社会成员普遍缺乏安全感，程度不同地产生焦虑、忧郁、恐惧和沮丧等消极情绪反应。在这样一个大的社会背景和心理状态下，一部分社会成员为了舒缓内心压力、寻找行为参照依据、获得有价值的信息，不知不觉地养成了偷窥的癖好。

偷窥还可以满足窥探者的征服欲和控制欲。他以居高临下之态监视他人一举一动，并且为此洋洋自得，这种感觉尤其给那些在现实世界中没有多少控制他人机会的人以很大的满足感。

一般说来，偷窥者处于主动的、安全的位置上，而被偷窥者则处于被动的、不安全的位置上。安全需求是一种强大的力量，缺少它的人会不顾一切地想得到它。洛纪获得安全感的手段就是偷窥。在那幢大楼的所有男人、女人和孩子面前，他都可以在心里居高临下地说：我知道你们的一切，而你们对我却一无所知；我可以在任何时候利用这一点，来达到我想达到的任何目的；你们都是我镜头下的臣民。

有些人的偷窥可以说是一种变态人格。这些人在现实生活中往往比较懦弱，心中有很多强烈的原始欲望，但是在社会规范之下实现不了，不得不压抑下来，渐渐扭曲。他们在窥视别人隐私时，会下意识地把自己压抑的欲望、憎恨或期待投射到别人身上，尤其是那些性隐私被曝光的人身上。他们在浮想联翩之中把自己的性欲和攻击欲发泄到别人的身体上，从而在心理上得到报复性或胜利的满足。

尽管我们自己羞于提起，但不能否认偷窥这个嗜好的存在。人性是复杂的，要想弄清它，也许比登上火星还要难。

隐藏在你内心的自相杀戮

> 一个犯下抢劫、强暴等多件重大刑案的罪犯，结果却获判无罪。法官的理由是，他对自己的罪行毫无记忆，因为他是多重人格分裂者。

汽车旅馆里的谋杀案

一个漆黑的夜晚，一片无边无际的沙漠荒原，一场肆虐的暴风雨，将矗立在其中的一座汽车旅馆与外界完全隔离。道路，不通；通讯，中断。10个不同身份的陌生人：女明星、妓女、逃犯、孩子、警察……莫名其妙地被困在这座汽车旅馆里，和外界失去了一切联系。美国影片《致命ID》就此为观众拉开了一场神秘连环谋杀的序幕。

以所住旅馆房间的门牌号10、9、8、7……为顺序，这10个人正一个接一个死于匪夷所思的谋杀：没有人看见凶手是谁，连被害者的尸体也消失得无影无踪。在随时降临的死神面前，他们恐惧、颤抖，人人陷入疯狂的猜疑之中——身边的某个人，就是隐藏在黑暗中的冷血杀手？

正在观众被惊悚的杀戮压抑得透不过气来的时候，导演镜头一转，心理学家马里克正在法庭上慢条斯理地展示即将被处死的杀人狂瑞沃斯的日记本。日记本中时而粗野、时而娟秀、时而幼稚的笔迹以及不同的说话方式和语气使马里克认为，这意味着残忍地杀害了6个人的瑞沃斯其实是一个严重的多重人格障碍患者。

马里克对法官说,在瑞沃斯的身体里存在着10个身份、个性甚至性别完全不同的人格。在这10个人里,有9个是有罪的,但有1个是无辜的。马里克表示,他有办法只让这一个人格"活"下来。他使用一种特殊的治疗方式:注射药物和电击,再以催眠为辅助,在瑞沃斯的大脑中虚拟出暴风雨中与外世隔绝的汽车旅馆,让瑞沃斯的多重人格——女明星、妓女、逃犯、孩子、警察等聚集在一起,互相"残杀",从而达到减少人格数量的目的。电影中一开始出现的恐怖凶杀其实全都发生在瑞沃斯的身体里。

通宵会审之后,法官作出了决定——废除瑞沃斯的死刑,由马里克医生陪同其前往精神病院。而在瑞沃斯心中,最后幸存下来的一个善良的妓女则回到老家,快乐地种植着柑橘。

24个比利

这部构思巧妙、出人意料的恐怖电影其实并不是完全虚构的,那个身兼多重人格的杀人狂原形出自于美国史上第一位犯下抢劫、强暴等多件重大罪行,结果却获判无罪的罪犯——比利。法官的理由是,比利对自己曾犯下的罪行居然毫无记忆,因为他是一位多重人格分裂者。

说了这么多,究竟什么是"多重人格"呢?《美国精神病大词典》的定义如下:"一个人具有两个以上的、相对独特的并相互分开的子人格,是为多重人格。这是一种癔症性的分离性心理障碍。"

科学家的研究表明,多重人格的每一重人格都有不同的生理和心理反应。它们往往表现出不同的性别、年龄、种族、家庭特征;且有着不同的智商和视力;更有甚者,有的对同一种药物竟也有不同的反应。尤具戏剧性的是,有些人格还可相互交换意见,并合作进行某项活动。

美国的这个比利大概是比较突出的一位,据说身体里居然出现了24个人格。其中有男有女,有的是地道的英国口音,有的是南斯拉夫国籍,"大家"各有各的年龄、各有不同的才能,有的是3岁的纯真小女孩，有的是厉害的逃脱专家，有的是女同性恋者、军事空手道专家等，各种人格瞬间转换，有的人格知道别的人格的存在，有的则完全不知道还有其他人格。

对于比利来说，就仿佛有一个舞台，四周都是漆黑，24个人格都坐在四周，有的人格在互相聊天、下棋、睡觉，也有些不知道跑到哪里去了。但只要哪个人格站在舞台上，一盏大聚光灯出现，那个人格就有了意识，成为了比利。这种情形就像当你置身在某个地方闭上眼醒来之后，却又身处在另一个地方，连时间也失落不见了，但事实上这段时间你是醒着的，只是有其他人格取代了你，做了"他"自己想要做的事。

多重人格的诞生

拥有心理学背景的作家丹尼尔·凯斯对比利的成长进行了相当深入的研究，发现比利之所以会形成多重人格，可能与他幼年时的不幸经历有关。比利的父亲在他小时候过世，继父时常无故鞭打比利，并且将他带到农场旁的茅屋对他进行性侵害，还强迫他挖掘自己的坟墓，躺进土中，只剩头部在地面上，通过烟斗呼吸，种种残酷的行为都深深地伤害了这个男孩。当他被打或被责骂时，他总是希望自己不是比利，而是其他人。

据统计，高达80%的病人在孩童期曾遭受身体虐待或性虐待。当患者承受不了痛苦时，会幻想"这件事不是发生在我身上"，从自己身上分裂出另一些"自己"来承担。这些分裂的人格像一个个单独的"人"，患者以此营造出不同的假想世界，以象征性的逃跑来保护脆弱的自我，防止自己濒于崩溃。

在比利4岁多时，一个聪明的3岁英国小女孩克丽丝汀出现了，她喜欢和比利的妹妹凯西玩，还会照顾凯西，但克丽丝汀不明白为何大家都叫她比利。克丽丝汀为凯西在墙上画了一幅画，正巧妈妈经过，大骂不可以在墙上画画，克丽丝汀闭上眼离开，比利睁开眼睛，看到妈妈正对自己大骂。

5岁时，比利不小心打碎糖果罐，很害怕妈妈骂他，正巧妈妈走进来，比利不想听妈妈责骂，于是闭上眼入睡，4岁的聋童萧恩出现了，他不知道发生了什么事，只看见一个女士指着糖果罐，嘴巴一张一合，然而他却听不到声音。比利的妈妈把比利关进房间，萧恩离开了，比利醒来，发现自己没有被责骂，而且身处在房间，觉得奇怪，但很快习惯了，每当他闭上眼，再睁开眼时，会发现时间变了，连地方也不一样了，比利以为这是每个人都有的现象。

比利的家人都不知道比利有多重人格，他们只觉得比利很怪，上一秒钟还很安静，下一秒钟却可能很粗暴，或是常忘了自己所做过的事。因此，很多人都觉得比利爱说谎，比利为此很沮丧，甚至想自杀，幸好及时被其他人格取代，因此其他人格决定让比利一直睡觉，而由其他人格代替他，以防止比利自杀。从此比利一直睡，开始由不同的人格替代他。比利一直到接受治疗才知道自己有多重人格。在此之前其他人格都设法不让人发现，一方面是保护比利免得他知道了想自杀，另一方面也不希望大家认为比利是疯子。

人格和人格之间是可以交谈的，一种是在内心的交谈，旁人无法发现，一种是互相对话，就像自问自答一样。有一个人格是22岁的戴眼镜的英国人亚瑟，他沉稳持重，能在别的人格出现时仍保有意识，监视其他人格行为，并压制不好人格的出现，但到后来，24个人格陷入混乱，亚瑟也无法管理，这才让比利沦为了杀人狂。

心灵是个魔方

比利的故事听起来令人难以置信。你一定会问，这种精神病能治好吗？法官后来判比利接受治疗。医生以融合的方式试图将24个人格融合成一个完整的人格。然而这不容易，有些人格不愿意被融合，也有可能会产生更具有攻击性的新人格。在本文开头的那个电影里，心理医生马里克让瑞沃斯的人格彼此进行杀戮，也是一种融合的办法。可惜在电影结尾，一个一直被马里克忽视的孩子突然出现，杀死了怀着美好愿望种植橘园的妓女，占据了整个心灵，原来他才是瑞沃斯最邪恶的人格。而现实中的瑞沃斯也向满心欢喜开车送他前往精神病院的马里克举起了尖刀。

其实，所谓的多重人格也不是普遍存在的。有些人了解一些心理学的粗浅知识，就往自己身上套，结果因为自我暗示真的产生了多重人格。有时候多重人格甚至是被精神病专家无中生有地激发出来的。在催眠状态下，大多数被催眠者可以被诱导多重人格。原理在于通过催眠在大脑中枢可形成一个强兴奋点，从而抑制周围中枢系统的兴奋。多重人格便是由多重强兴奋点主宰的，人格间的转换便是多重兴奋点间的转换。所以很多精神病学家坚决反对使用催眠术。

假如你担心自己有分裂人格，不用过度担心，大多数人不过是有一点点这种倾向而已。有时，居住在我们心里的"很多人"只是些影子人格，他们围聚在主人格周围，形成一个缓冲区域，以满足不同环境的要求。这些影子人格就像魔方的6面，虽然可以自由转换，但毕竟还是魔方的有机组成部分。只要魔方没有解体，这些影子人格就是有益的，否则，我们岂不成了单面人？接受自己的不同侧面，保持灵活性，可以让你的影子人格不会去"闹分家"。

面对生活中太多的压抑、无奈和伤害，我们需要释放。但如果一味沉溺于各种假想人格，不但会妨碍快乐的降临，还会产生焦虑等不良心理反应。因此，要懂得适可而止，回归本我，保存好世间那个独一无二的"你"。

变态的老鼠

> 人类越来越多地生活在高密度的都市环境中，就如同困在隔间中的变态老鼠。如果我们不能改变这种生活方式，有一天我们会变得连自己都认不出来。

列车已经严重超员，站立的旅客数已完全超出了有座位的旅客，定员118人的车厢至少装了300人，仿佛塞得满满当当的沙丁鱼罐头，一点儿空间都不浪费。人们努力地扭曲着身体，想多占据那么一点点空间，想保持着稍微舒服一些的姿势，有的人生生地被其他人给卡在半空之间，两只脚离地就这么晃荡着，满脸尽是痛苦的表情。去洗手间几乎成为一种奢望，没有谁能够移动到5米之外的厕所，将挤在里面的8个人拽出来。你只能在摩肩接踵的缝隙中艰难地呼吸汗臭和烟雾交织着的空气。

一个男子忽然扒掉衣服，操起列车上的灭火器猛砸车窗，砸碎车窗后又打开灭火器向旅客狂喷；一对夫妻发生幻觉，双双手持菜刀威逼身边的旅客；还有几个民工精神崩溃般地爬上火车车顶，只为了想要痛快地撒泡尿……而令他们变得疯狂的罪魁祸首就是可怕的拥挤。

老鼠的天堂

拥挤可能造成行为异常是行为学家卡尔霍恩首先注意到的。20世纪50年代，他曾经作过一个实验：把一群白鼠关在一个面积1 000平方米的封闭空间里，食物充足，有理想的、受保护的筑巢空地，没有天敌和疾病的干扰。卡尔霍恩的本意是想看看，在一个没有控制的环境下白鼠能够过度繁殖多少。

卡尔霍恩估算，在这样一个老鼠的天堂，按照通常的繁殖率，27个月后应该有5 000只老鼠活蹦乱跳才对。但是令他意外的是，最后出现在他眼前的仅有区区150只成年老鼠，没有一只幼鼠能够活到成年。卡尔霍恩判断，应该是拥挤的环境使老鼠们的行为发生了变化。

为了详细地观察老鼠们的行为变异，卡尔霍恩随后设计了一个有4个隔间的"老鼠空间"。4个隔间有通道相连，隔间1和4是死端，只有一个出入口，位于中间的隔间2和3则有两个出入口。

80只老鼠被放进老鼠空间之后，雄性老鼠便像在自然环境中一样开始为了社会地位而争斗。最后，隔间1、4各被一只雄鼠占据，它们守住隔间唯一的出入口，把10多只雌鼠堵在里面，不让别的雄鼠接近。结果，其余60多只老鼠被迫挤在中间的两个隔间里。住在隔间1、4的老鼠们都过着幸福安逸的生活，雌鼠们筑建舒适的窝，养育后代，幼鼠有一半都能活到成年。

可是拥挤在隔间2和3中的那些老鼠就没那么幸运了，一个个表现出怪异的行为。首先是好斗。在正常环境中，雄鼠为了维护自己的统治地位也会彼此争斗，可是打过一次分出胜负就完事儿了。在这个拥挤的环境中，老鼠们的战斗却没完没了，而且常常是好几只一起打群架。最强的那只老鼠尤其显得疯狂，不仅攻击其他雄鼠，连雌鼠和幼鼠也不放过。它还养成了一个怪癖——咬其他老鼠的尾巴，从老鼠的角度看，这绝对是变态行径。

其他老鼠也很怪。有些看起来完全健康的老鼠走动时似乎处于催眠状态，它们忽视其他老鼠，也被其他老鼠忽视，即使面对发情的雌鼠也无动于衷。而另一些老鼠则更为怪诞，它们完全不守规矩，像色情狂一样直接闯入雌鼠的洞穴中，甚至还吃掉幼鼠的尸体。更有一些老鼠兴致勃勃地向任何其他老鼠求爱，不管人家是雄鼠、幼鼠还是没发情的雌鼠。

而雌鼠们也几乎丧失了抚养后代的能力，它们甚至都忘了怎么筑巢，直接把幼鼠生在地板上。当它们感到危险想要转移时，也常常把孩子丢在地上，或者干脆想不起来还有孩子这件事。

人类将会怎样？

卡尔霍恩这些关于老鼠的实验结果是极令人吃惊的。如果推广到人类的拥挤问题上，它们强烈地暗示了过度拥挤将最终毁灭我们今日所认识的社会。

有些受到卡尔霍恩启发的行为学家曾让人待在非常拥挤的小房间里，每人只有0.27平方米的空间，要求他们完成相当复杂的任务，比如把不同形状的木块进行归类；让他们听故事，然后对他们记忆的故事内容进行考试。结果这些人的成绩明显比不拥挤条件下的差。同时，他们的血压会升高，心率加快，感到周围人对自己充满敌意，随着人口密度的增加，感到时间过得越来越慢。

美国学者曾经对每个囚犯平均只占4.4平方米的监狱与相对不太拥挤的监狱进行比较研究，结果发现在拥挤的监狱里犯人的死亡率、杀人率、自杀率、生病的次数以及狱警不得不对之进行惩戒的次数都比较高。而大城市中黑暗拥挤不堪的贫民窟也通常被认为是异常行为和疾病的孳生地。

人类越来越多地生活在高密度的都市环境中，就如同困在隔间中的变态老鼠。如果我们不能改变这种生活方式，有一天我们会变得连自己都认不出来。

失去控制感的噩梦

> 一个人需要主宰自己的生活，控制自己的命运，设计自己的未来，改变自己的生活处境，控制感对于我们每个人都是重要的。

冲冠一怒为馒头

2005年年底，陈凯歌导演拍摄的大片《无极》公映了。这部号称投资3亿元人民币的影片，事先隆重造势，宣传炒作极尽奢华，可惜却好像山崩地裂之后跳出一只青蛙一样。一个网友将《无极》中的若干镜头重新剪辑，制作出一个搞怪小短片《一个馒头引发的血案》，在网络上得到了热烈追捧。

在短片中，陈凯歌苦心孤诣创造出来的、自认为充满象征意义的神话角色全都"面目全非"——"光明"大将军变成城管小队长，与北公爵无欢在法庭上唱起了RAP；王妃"倾城"则成为娱乐城模特；急速奔跑的奴隶昆仑与造型奇异的满神分别为"逃命牌"运动鞋与"满神牌洗发水"的代言人；还有个一本正经的法制节目主持人，以不紧不慢、欲擒故纵的语气解剖着"案情"的来龙去脉，着实令人捧腹。

早已让排山倒海的批评冲乱了阵脚的陈凯歌勃然大怒，说什么也要把那个乱开玩笑的网友告上法庭，还骂道："人不能无耻到这样的地步！"这件"馒头血案"一时间闹得沸沸扬扬。很多人都觉得陈凯歌是小题大做，缺乏涵养，"冲冠一怒为馒头"。

那么陈凯歌为什么会这样愤怒呢？从心理学上讲，这是因为他感

到对《无极》公映以后的整个事态失去了控制。心理学上的控制感并不是指控制别人的那种能力，而是指贯穿于个人生活实践中体现出来的力量。当你的控制感受到威胁的时候，你就会郁闷、生气，乃至狂怒。陈凯歌自以为精良制作的《无极》遭到了意想不到的揶揄嘲弄，而他完全无法控制这部电影的命运，怒火中烧也是正常反应。

绝望的疗养院

曾经有心理学家用老鼠作实验，将两只老鼠绑在一起，给它们过电。其中一只的身边有一个开关，如果它在挣扎中碰到了，就可以让电击暂停一小会儿，而另一只则无论怎么做也不能逃避电击的痛苦，只能在同伴触碰开关的时候借光喘口气。

电击一次又一次地来临。比较幸运的那只老鼠很快学会用按动开关来避免电击，而另一只老鼠虽然也在同伴的努力下一次一次从电击中解脱出来，但实际上它对电击的痛苦是无可奈何的。换言之，在两只老鼠中，一只老鼠知道只要按动按钮就可以逃避电击；另一只老鼠对所有的电击没有控制能力，只能听天由命。

最后的结果是这样的：幸运的可以按动开关的那只老鼠在实验之后皮毛依然光滑，胃口也不错，很快从过去的折磨中完全恢复过来了；但另一只则在放出来之后食欲不振，情绪低落，在很短的时间内便死去了。心理学家得出的结论是：受到折磨的动物的死亡原因不是生理上的痛楚，而是无助的情绪和缺乏控制感。

那么如果没有了控制感，人会是怎样？研究者来到一所疗养院，将新来养老院的老人们随机分成两组。一组给予老人们控制感。养老院的院长对老人们说，养老院的各项条件虽然不错，但他们个人的生活还要自己来负责，有些生活上的决定还要他们自己作出。比如，房间如何来布置，电影什么时候放映，等等。最后院长给每位老人一个小礼物，一株小植物或者一个小宠物，要求老人们要负责照顾好它们。另外一组则剥夺老人们的控制感。院长也向老人们介绍了院里的情况，但只要求他们安心养老即可，其他的事情都不用操心，包括房间如何布置，电影何时放映等，都由院里来安排。最后也给了他们同样的小礼物，但这些植物或者宠物根本不用他们自己来喂养，自然有热心的护士来照看。

结果呢？比起无控制感的那些老人，有控制感的老人的生活会更快乐更积极，而且尤为惊人的是，在此后的 18 个月中，有控制感组的老人有15%故去了，但相比之下无控制感组老人的死亡率则达到了 30%。

心理学家得出结论：如果一个人拥有较强的自我责任感和对生活的控制感，那么他的生活质量会提高，生活态度也会变得更加积极。这项研究让美国各级养老院和医院意识到单单给老人们提供服务是不够的，还需要尽可能地让老人们能够自己做主，比如让老人自己控制和选择起居时间、饮食爱好、室友选择、日常护理、财产支配、电话使用等。

还我控制感！

控制感是一种能够对人类所有行为产生重要影响的东西，是人类最基本的需求，也是人类应对环境的重要心理资源。

2003 年非典型性肺炎在各大城市中蔓延时，连最平常的出行和人际往来都可能充满危险！这种基本控制感的丧失引起大面积恐慌。人们本能地收集信息资料以消除恐慌，但某些地方政府官员封锁消息、隐瞒甚至公布不实信息的行为却进一步加剧了民众的恐慌情绪。因为连权威部门都没有消息或消息不准，可见事情有多严重！这时候还有什么是可以把握的呢？于是白醋、板蓝根、抗生素、食盐不管有没有用都遭到抢购，各种各样的迷信也应运而生。

而一旦政府透明化地公开信息和采取措施，即便是疫情相对严重的时期民众也显得平静许多，人们至少对身边的这个可怕的瘟疫有了一个基本的评估和把握，从而采取相应的应对措施。

人们在银行等待柜台服务的时候，也常常会遇到控制感的问题。如果只能站在黑压压的长龙中排队，缓慢地向前移动，不知道自己将要等待多久，也不能在这漫长的时间中做别的事情，这种控制感的缺失就会使人们变得非常焦躁。于是，很多银行设立了叫号机，在等待

场所摆放坐椅、饮水机、书报，播放音乐、电视节目，并及时对延迟作出解释，让顾客对自己所处的局面有了更多的控制感，就大大缓解了人们等待的煎熬。

很多人的一些特殊行为也可以用寻求控制感来解释。有些人每当情绪低落的时候就去逛商场，疯狂地购买各种衣物。商场仿佛有着某种吸引她的魔力，让她欲罢不能……心理学家将这种行为称做"购物癖"或"超购症"。为什么要疯狂购物呢？这是因为在购物过程中，购买哪件商品完全是由她决定的，她可以在购物中享受到极大的控制感和成就感。

更有许多年轻人沉迷于电脑游戏，整天待在电脑前不停地与虚幻的对象作战。这是因为这些人难以在真实的世界中取得控制感，就逃到一个虚拟的世界来寻求这种控制感，以此来弥补他们在现实世界受到的挫折。在一个虚拟的世界当中，规则清晰而明确，可以通过键盘和鼠标依照内部设定的游戏规则完全掌握游戏的进程，这才是游戏迷们想要的东西。

总之，一个人需要主宰自己的生活，控制自己的命运，设计自己的未来，改变自己的生活处境，控制感对于我们每个人都是重要的。失去控制感的那种无助和无可奈何，对生命是一种煎熬。

死亡就在你的脑海里

> 死亡一直都存在于我们的脑海中，我们每个人都有可能正在与死亡作着抗争。死本能是人类与生俱来的，与生本能相对应，构成人类心灵底层最重要的两种本能力量。

死神来了！

2000 年，一部血腥恐怖的影片《死神来了》抓住了很多甚至并非恐怖片爱好者的观众的眼球。一个高中生因为预感到飞机将要爆炸，阻止了6名乘客登机。可是幸存下来的他看见的却是不断到来的死亡——幸存者们开始一个接一个地在各种各样稀奇古怪的事故中死去，终究难逃死神的召唤。

3年之后，这部电影的续集上映，再次引起轰动。这次是一个女孩看到了即将发生的连环车祸惨剧，帮助几个人逃过一劫。可是侥幸逃脱的几个人却仍然按照当时行车的顺序一个个离奇死亡。

又过了3年，第三部《死神来了》上映，一个女孩再次偷看了死神的剧本，使自己的朋友从游乐场云霄飞车事故中幸免于难。但死神仍继续追杀这些可怜的人。电梯上、公路上、麦当劳餐厅里，甚至牙医诊所里，死神设置了无数致命陷阱。

10年来，《死神来了》系列影片已经在欧美甚至从未公映过此片的中国拥有一批"视死如归"的忠实粉丝。人们看到了"死神"的威力。任何被列入死神账单上的名字都会如期在这个世界上消失，尽管他可以凭借侥幸意外地存活一段时间，也终究会在短时间内重新被死神召唤而去……

这个系列电影说白了就是展示出一大堆匪夷所思、血肉横飞的死亡给观众看。死毋庸置疑是可怕的，可是为什么这么多影迷还要乐此不疲地追捧这个电影，津津有味地猜测下一个牺牲品的死法，然后在别出心裁的死亡事故中大呼过瘾呢？

死亡的快感

有人故作深沉地解释说，他们是在偶然与必然之间体会死亡的快感。死便死了，能够在毫无痛苦之中瞬间死去已经值得庆幸，何来"快感"之说呢？我们可以用心理学宗师弗洛伊德的"死本能"观点来解释一下。

弗洛伊德生活在20世纪初。起初，他认为人类有两种基本本能：一种是以食欲为基础的自我保存本能，一种是以性欲为基础的种族延续本能。这似乎与我们中国的那句古话"食色性也"相通。但后来，他亲眼目睹了第一次世界大战中大量的恐怖、屠杀与破坏，认识到人性中还有破坏性、攻击性的一面。于是，他修改了自己的本能论，把自我保存本能和种族延续本能合在一起，称为"生本能"，而把每个人都有的趋向毁灭和侵略的冲动称为"死本能"。

几乎所有人在潜意识的底层都有死亡本能。死本能可以用来解释人类行为中的黑暗面。当死本能向外表现时，就成为破坏、伤害、征服、侵犯的动因，引发个体间、群体间的冲突、战争；如果死的本能向外表现受阻时，它就会转而退回到自我之中，成为自我惩罚、自我谴责乃至自我伤害的动因。死本能的这两种表现形式被弗洛伊德分别称做"自虐"和"虐他"，其对应的精神病患者包括受虐狂和施虐狂。

希特勒就沉迷于破坏。第一次世界大战中，有人看到当时身为奥军士兵的希特勒站在那里出神，眼睛死死地盯住一具腐烂的尸体不愿离开。死的气味对他来说是甜蜜的，在他成功的那些年就表现为他企图毁灭他自认为的敌人，他最大的满足在于亲眼目睹完全彻底的毁灭：德国人的毁灭，他周围人的毁灭以及自己的毁灭。

恐怖的鸦片

我们可以用"死本能"来解释影迷对《死神来了》的追捧。可以说，看完电影后一般观众的残留心理意识中都是"恐惧"与"庆幸"并存的；这种混杂的感觉有点像谈恋爱：明明有些害怕将来的命运，却还是忍不住一头扎进去。

其实在我们身边又岂止是这一部影片呢。在许多国家，电影院的暑期档历来是恐怖片的乐园。在北美、日本、香港等成熟电影市场，恐怖片都拥有相当稳定的受众群，一旦市场低迷，成本较低的恐怖片往往就成了电影公司的"救命稻草"。在美国，最畅销的书籍除了《圣经》和《哈利波特》，就是斯蒂芬·金的恐怖小说；在全球电子游戏市场，有史以来最大的黑马是恐怖游戏《生化危机》；在时尚界和艺术界，骷髅头、吸血鬼、尸体等恐怖元素不但在绘画、摄影作品里比比皆是，而且作为高级时装的装饰屡屡出现在T台上……

可以说，随着当代文化产业的不断发展，在影视、文学、艺术、游戏等各大领域，恐怖题材的作品都成为不可或缺的重要组成部分，并已经形成了一种独特的次文化。这便是死本能在作怪。

很多年轻人喜欢文身，认为这是一种时髦的表现，但时髦只是借口，他们很可能是在通过自伤和自残获得快感，并且有抑制不住的冲动。死亡本能的冲动正是通过自残和自虐得到了释放，他们用一种较轻的伤害来稍稍满足一下对死亡的向往。

在绚烂中死去

站在高楼之上，俯视远处鳞次栉比的楼房里忽明忽暗的灯光，你可曾有过想要要跳下去与这美景融合的念头？坐在立交桥上看下面车流滚滚，往来不息，你可曾有过投身车轮之下的冲动？在安静的浴室里，手拿锋利的剃须刀，你是否在自己的手腕上比划过两下？实际上并没有什么东西困扰你，你也热爱自己的生活，可是有时候却真的会被这种突然出现的念头吓一跳。其实这都是正常反应，是"死本能"在说话。

在我们的日常生活中常常有这样的语言出现："高兴死了"，"笑死人了"。这是在形容非常快乐的感觉，可是却要用"死"来强调。可见"死"在潜意识中也是可以与极度的幸福联系在一起的。

即使是我们认为充满生机的爱情，也可以同时由生本能和死本能来驱使。生本能主宰的爱情希望过美好的生活，希望对方好，希望爱对方超过对方爱自己；死本能的爱追求的是飞蛾扑火的快感，追求的是狂热，追求的是死亡的绚美。

古今中外的许多文学泰斗都曾在作品中表达过对死亡的态度。泰戈尔说："生如夏花之灿烂，死如秋叶之静美。"在他的笔下，死亡和生存一样美丽。莎士比亚也曾写到："死的震击似爱人的技巧，它似伤害者，也是被欲求者。"他们往往将死亡赋予了许多美丽的、令人向往的色彩。

不过，人希望"幸福地死去"实际上并不会真正去死，只是对人类生命有限性的无可奈何的颠覆。人在美好面前的死亡冲动实际上是用"结束"来定格此刻的美好，在情感达到一定强度时希望用想象的

"死"的方式来定格体验。这与自杀完全不同。

死亡一直都存在于我们的脑海中,我们每个人都有可能正在与死亡作着抗争。不过你完全不必感到害怕,因为死本能是人类与生俱来的,与生本能相对应,构成人类心灵底层最重要的两种本能力量。

你喜欢福娃吗?

> 很多时候人们对一个艺术作品的喜爱就是源于看得多了。一种新奇艺术乍一出现常常令人们难以接受,可是接触多了也就喜欢了。

你喜欢福娃吗?如果2008年你走进一所小学,向孩子们提出这个问题,得到的回答100%是喜欢。可是福娃果真比凯蒂猫、维尼熊、史努比狗、天线宝宝等众多名牌毛绒玩具更加美观、可爱吗?也许,但是未必能取得如此压倒性的优势。

你可以说,福娃是北京奥运会的吉祥物,其色彩与灵感奥林匹克五环、中国辽阔的山川大地、江河湖海和人们喜爱的动物形象,代表了梦想以及中国人民的渴望,他们的形象设计应用了中国传统艺术的表现方式,展现了中国的灿烂文化。这的确是喜欢福娃的重要理由。但是且慢,孩子们能理解这一套复杂语言的内涵吗?想用这样深刻的道理让孩子们由衷地喜欢福娃恐怕不太现实。

既然如此,福娃又是如何成为小朋友们的最爱的呢?有些心理学家可能会耸耸肩,说全国上下铺天盖地都在宣传福娃,从操场到教室,从公车到商场,到处是奥运吉祥物形象,电视里也天天播放福娃动画片,接触多了自然就喜欢了,这叫纯粹接触效应,也就是我们通常所说的"日久生情"。

尽管"日久生情"这种说法由来已久,可是直到1968年,心理学家们才真正用实验证明了人类的这种心理现象：个体接触到某一外在刺激的机会越多，个体就将对该刺激将越喜欢。

美国心理学家通过下面的实验证明了这个原理。他从大学的毕业相册中抽取了 10 张照片给被测者看，依次调查了他们对每个照片人物的好感程度。但是，在这 10 张照片中，有 2 张展示了 1 次，有 2 张展示了 2 次，有 2 张展示了 5 次，有 2 张展示了 10 次，还有 2 张展示了 25 次。实验结果告诉我们，展示次数越多的照片人物越能得到被测者的好感。

心理学家还曾在两所同样规模的大学广告栏上印一些由 7 个可发音字母组成的无意义音节词，无意义音节在这期间出现的次数不同。然后，他们向两个大学的学生发出调查问卷，要求他们对一列无意义音节词进行喜欢程度的评价，尽管学生们并不一定记得他们在什么地方见过这些无意义音节词，但结果非常有趣，在校园广告上刊登次数越多的无意义音节词被喜好的程度越高。

心理学家解释说，这是因为重复呈现的刺激（人或物）增强了人们的知觉流畅性，再现时更容易辨认，于是被试者无意识中产生了对该刺激的喜爱，不知不觉地对对象产生了正面评价。

这种效应很快被广告商们所利用。他们知道，如果人们事先没有好恶，那么一个曾经听说过的品牌更容易被看成是名牌。即使人们根本想不起来以前在什么地方听过，甚至有可能当时听到的是有关这个品牌的坏消息（不过现在忘了），都很可能对这个品牌产生好感。

在你耳边单调地把一种毛线的名字重复三遍，或者编一句俗得不能再俗的广告语"今年过节不受礼，收礼只收脑白金"挤占你看电视的黄金时间，广告商明知道这些广告会引起你的厌恶，却仍然乐此不疲，就是因为你的确很可能不知不觉地选择这些商品。

从审美上讲，也是这样。很多时候人们对一个艺术作品的喜爱就是源于看得多了。一种新奇艺术乍一出现常常令人们难以接受，接触多了也就喜欢了，比如印象派绘画刚诞生的时候，就受到类如"疯狂、怪诞、反胃、不堪入目！"这样的反对，后来却成为广受欢迎的艺术流派。

年轻人谈恋爱也可以借鉴这种心理。如果有喜欢的人了，就要尽可能增加碰面的机会，使恋爱向前发展。就像《大话西游》中至尊宝对变成猪八戒的爱人说"我吐啊吐啊就习惯了"，就是这个道理。

当上领袖才英雄？

> 很多人认为一个领袖在他还是无名小卒的时候，就已经具备了成为一个领袖的素质。然而有时候我们又会发现，某些杰出领袖早年分明很懦弱。莫非领袖只有作为领袖的时候才能变成英雄？

韩信的不堪往事

中国古代的战神级将领韩信一直给人们一种反差极大的印象。青年时期的韩信既不会经商又不愿种地，家里也没有什么财产，过着穷困而备受歧视的生活，常常是吃了上顿没下顿，有一段时间还总去当地一个小官家白吃白喝。时间一长，引起女主人的反感，便有意提前吃饭的时间，等韩信来到时已经没饭吃了，于是韩信很恼火，就与这位小官绝交了。可见他这时既没什么志气，又缺乏肚量。

韩信的勇气在这一时期也很让人怀疑。曾经有不良少年看到韩信身材高大却常佩带宝剑，便在闹市里拦住韩信，说："你要是有胆量，就拔剑刺我；如果是懦夫，就从我的裤裆下钻过去。"要是《水浒传》里卖刀的青面兽杨志碰上这种泼皮无赖，早就一刀捅过去，至少也要用拳脚教训教训他。谁知韩信居然一言不发，就从那人的裤裆下钻过去了。当时在场的人都哄然大笑，认为韩信是胆小怕死、没有勇气的人。这就是后来流传下来的"胯下之辱"的故事。

然而，就是这样一个窝窝囊囊的人，在被刘邦拜为大将军之后，却指挥千军万马，出陈仓、定三秦，直至垓下全歼楚军，无一败绩，将不可一世的西楚霸王逼得乌江自刎，天下莫敢与之相争。

为什么一个既没度量又没胆量的懦夫当了大将军之后却能够如此勇猛？有人说，韩信甘受胯下之辱不是懦弱，而是他懂得忍辱负重。这种说法让人觉得很牵强。

怯懦的拿破仑

无独有偶，在2 000年以后的欧洲，也有一位同样战绩显赫的将军流露过怯懦的一面，他就是拿破仑。

1799年法兰西共和国的形势每况愈下，法军在几条战线上连遭失败，督政府的处境万分艰难，国内政局动荡不安。正在率军远征埃及的拿破仑星夜赶回巴黎，准备夺取政权。不过元老院和五百人院却对他并不买账，反对军事独裁的呼声甚嚣尘上。

拿破仑试图扭转这种局势，带领一些士兵进入元老院大厅，发表了一次冗长的演讲想说服这些人，却多次被愤怒的呼喊声打断，终于没法再讲下去。拿破仑又去了五百人院，希望赢得比元老院多一些的支持。可是，世事难料，五百人院酝酿的反抗情绪更加强烈，当拿破仑把卫兵留在门外，自己摘下帽子视察兵营般独自走进五百人院时，各种愤怒的吼声就汇成了一片："打倒暴君，打倒独裁者！"一些代表向拿破仑涌来，有人拉住他的衣袖，另一些人抢上来扼住他的咽喉，一个代表用尽力气揍了他肩膀一拳。矮小瘦削的拿破仑几乎被愤怒的代表们打个半死，混乱中有些人凶相毕露，一些代表用手枪和匕首威胁他，其中一个用匕首向他刺去，幸亏一个掷弹兵帮他挡住。拿破仑平时卓越的军事才能和善于鼓动士兵的天赋这时完全用不上了，他脸色发白，仓皇后退，最后被卫兵抢出了大厅。第二天，拿破仑调动军队把法国议会——元老院和五百人院全部解散，终于如愿以偿地夺取了共和国的全部权力。然而，归途中他却心有余悸地对部下说："我宁愿对军人们讲话，不愿对律师们说话，这些恶棍曾使我害怕！"

拿破仑是个胆小鬼吗？几乎没有人这么说过。他一生南征北战，赢得过大小50多次胜利，被誉为欧洲四大名将之一。作家福尔几乎以崇拜的语气写道:"在埃及的沙漠中,他拒绝喝水,直到最后一个士兵喝了水为止。在雅法战役中,他同染上瘟疫的士兵一起行军,因为他的军队正苦于不能振作士气。他同他的步兵部队一起在一次大风雪中步行穿越加达拉马。在布里恩纳战役中,他朝着一颗正在爆炸的炮弹跃马而过,因为他刚注意到他的新兵们正在踌躇不前。"然而,这样一位大英雄,在枪林弹雨下无所畏惧,面对几个赤手空拳、整天耍嘴皮子的议员竟会落荒而逃。战场上的战神成了五百人院里的胆小鬼,这真有点让人难以想象。

领袖的勇气从哪里来?

杭州师范大学的学者曹瑞涛认为,从心理学上讲,或许韩信和拿破仑本来就不是什么好勇斗狠之人,只有在唯命是从的士兵中间他们才能变成一个勇士。这并不仅仅是人多壮胆的问题,有些领袖只有在成为领袖之后才能显示出领袖的气质。

韩信和拿破仑都是几十万人的庞大军队的统帅。通常来说,军队为了发挥出武器的威力,总是要求士兵协同行动,于整齐的队列行进中忘记自我,一切唯统帅命令是从。当然,凡事总有代价,想让士兵放弃个性,把他们的感情和思想完全托付给统帅,就必须要求统帅首先成为士兵内心中早已塑就的"那种人",唯有如此他们才会在队列中如牵线木偶似的服从指挥。

所谓"那种人",就是在枪林炮火间镇定自若,领兵前进宛若闲庭信步的领导者。并非人人都能扮演这种角色,不过总有些人,平时或许并不出众,可一旦成千上万的目光落在他们身上时,群体无意识中的期望就能激活他们的潜能,使其表现出独自一人时绝对达不到的勇敢、坚韧和智慧。一支强悍的军队中,将军和士兵往往就处在这种相互精神支持或精神麻醉的关联中,士兵从将军镇定的眼神里得到勇气,而将军也要靠士兵的期望来给自己壮胆。

可以推想,拿破仑和韩信在军中的勇敢便属此种类型。他们都是非常善于从士兵的眼神中汲取勇气和智慧的统帅。唯有推翻暴秦、一统天下的使命感,或者法国大革命的激情,以及无数战士的勇气灌注于身时，才能使他们的潜能奋猛地迸发出来。

所以，当拿破仑独自贸然闯入五百人院，面对着那些共和派、雅各宾党人激动、粗暴的举止时，他那失去了军队支持的勇敢和自信立刻被击得粉碎。当拿破仑被几个士兵救回到他的大军中时，他终于恢复了理智和胆量。对着他所熟悉的世界，拿破仑呼喊道："弟兄们！我率领你们取得了胜利，我可以依靠你们吗？""可以，可以，将军万岁！""好吧，那我们就要教训教训他们了。"于是，明晃晃的刺刀开始整排整排地开向五百人院，下午五时半，议员们全被驱散，拿破仑终于赢得了这场赌局。

而当天下大局已定，韩信的兵权被刘邦以卑鄙的政治手段剥夺之后，没有了唯他马首是瞻的士兵，韩信便再度成为一个庸人，轻而易举地被刘邦和吕后设计杀害，除了哀叹"狡兔死，走狗烹；飞鸟尽，良弓藏"，毫无反抗能力。

领袖如果没有热情如潮的支持者，也不过是凡人一个。领袖的力量来源于群众。

你可以这样保护自己

> 为了保护自己，人类的心灵悄无声息地将自己包裹起来。当你发现身边的人显得有些怪异，那很可能是他遭到了打击正在保护自己呢。

逃避影子的小猫

汤姆和托比是两只刚刚出生的小猫。几天前，它们还紧闭双眼，在温暖的小窝里嗷嗷待哺，现在已经可以蹒跚学步，跃跃欲试地要到外面的世界看看。阳光明媚，鸟鸣风和，汤姆和托比高高兴兴地蹿跳打滚，在大树上试验自己尚不锋利的爪子，在墙角捉弄迷路的甲虫，世界真美好。

忽然托比惊叫起来："你后面那黑乎乎的是什么？"汤姆回头看见一道黑影，惊慌地一跳，可是那个黑影却紧跟着自己。它看了一眼托比，叫到："你后面也有！"两只小猫被自己的影子吓坏了，再也顾不上享受大自然，可是不管它们露出爪牙威胁，还是连滚带爬地逃跑，都没法摆脱那些影子。从此以后，无论走到哪里，只要一出现阳光，它们就会看到令它们抓狂的自己的影子。

小猫一天一天长大，最后终于都找到了各自的解决办法。汤姆对付影子的方法是，永远闭着眼睛。托比的办法则是，永远呆在其他东西的阴影里。

这其实是一个心理学的小故事，讲的是人们如何自我防御。人生之不如意十之八九，就好像无孔不入的疾病，时时侵扰着你的心灵：生离死别使你哀痛，成绩不佳使你焦虑，爱而不得使你忧郁，傲慢偏见让你愤慨，蛮横无理让你无奈，思想龌龊让你自惭……不过很少有人被这些烦恼击倒爬不起来，因为人类发明了无数种形形色色的方法去逃避痛苦，弗洛伊德将这些方式称为心理防御机制。

两只小猫的行为就是两种比较典型的自我防御——否认和扭曲。为了逃避影子带来的痛苦，小猫汤姆决定闭上眼睛，假装它根本不存在；小猫托比则扭曲自己的体验，彻底躲在影子里，便既然一切都那么糟糕，那个让自己最伤心的那件事就不是那么疼了。

你可能注意过，你身边某个人行为古怪，他很可能就像逃避影子的小猫一样，正在用自己的方式逃避某件令他烦恼的事情。

阿Q的精神胜利法

鲁迅笔下的阿Q可算是一只典型的小猫。阿Q的生活充满了穷困、屈辱带来的紧张和焦虑，为了缓解这些心理压力，他的"精神胜利法"融合了很多种常见的自我防御方式。

第一是认同。当赵太爷家的儿子中了秀才，"锣声镗镗的报到村里来，阿Q正喝了两碗黄酒，便手舞足蹈的说，这于他也很光采，因为他和赵太爷原来是本家,细细的排起来他还比秀才长三辈呢。"自己原本在某个方面并不出色,却无意识地把自己等同于更有成就的人,增加自我价值感,这就是认同。在现实生活中,那些常常炫耀自己与名人政要沾亲带故的人们,在心理学家的眼里往往有运用认同提高自我形象的嫌疑。不幸的是,这种认同往往是一种虚幻的表达,阿Q便因此被赵太爷打了一顿。

第二是幻想。阿Q和别人发生口角的时候,间或瞪着眼睛道:"我们先前比你阔的多啦!你算是什么东西!"用现在的话讲,阿Q连自己"打哪来,到哪去"都不知道,连籍贯还说不清楚呢,怎么就知道先前就比别人阔多了呢?可是他幻想自己曾经阔过,这也是自我防御的一种,用想象的方式抚平受挫的伤痛。有时候我们也会不自觉地做做白日梦,而所谓白日梦,正是幻想这种防御机制起作用的标志。

第三是置换。一连被好几个人打了,最后见到小尼姑,阿Q就"迎上去,大声的吐一口唾沫:'咳,呸!'",并且还"伸出手去摩着伊新剃的头皮,呆笑着,说:'秃儿!快回去,和尚等着你……'"最后还用力拧人家的面颊,总之是把小尼姑给欺负了。自我防御机制中典型的置换就是这样的,将敌意等强烈的情感从最初唤起的情绪转移到较少危险的另一目标。很多家庭暴力的发生,很可能就是家庭成员在采取"置换"这种防御机制。一般来说,都是自己在外面受气了,回家之后孩子或婚姻关系中的另一半就成为他们出气的对象。

岳不群和李鸿章

《笑傲江湖》中伪君子岳不群的形象一定让你印象深刻。岳不群行走江湖20多年,处处行为周正,为人坦荡,博得了"君子剑"的美誉。但是随着剧情的发展,他伪君子的一面逐渐暴露出来:打着救人危难的旗号,将林平之收归门徒,还把女儿许配给他,目的却是为了得到《辟邪剑谱》,最后竟置女儿的终身幸福于不顾,将林平之置于死地;对结发之妻,巧言令色,百般蒙蔽,可谓费尽心机。到后来,君子剑的形象轰然倒塌,露出了伪君子的嘴脸。

　　从这些行为中看，岳不群也是一个善用自我防御机制的高手。为了克制自己和社会所不能容忍和接受的冲动和欲望，他"矫枉过正"，干脆走到真实自我的极端反面。于是，岳不群就有了一副行为端庄、德行高尚的谦谦君子嘴脸。

　　为了让自己心安理得，他还屡屡"投射"，也就是把自己的错误、失误归咎于他人，或把自己的欲望态度转移到他人身上，认为别人也是如此，从而掩盖自己那些龌龊的思想。所以岳不群打着正派人士的旗号，不断在外界寻找大奸大邪的讨伐对象，先是左冷禅，然后是东方不败、任我行，其实他自己一点不比人家善良。

　　岳不群还有一个为自己开解的方法就是"合理化"。面对为达到个人目的而给令狐冲带来的苦难和不幸，岳不群一句"江湖上腥风血雨，为何吹打得了别人，吹打不了他"就将自己的责任一笔带过。

　　李鸿章也常常用"合理化"的办法解决自己的心理压力。自19世纪70年代主持晚清朝政以来，李鸿章就一直饱受朝廷内外的责骂，甚至是辱骂。特别是甲午海战失利及1896年签订《马关条约》后，李鸿章更一度成为国人皆曰可杀的卖国贼。对于朝野的批评，李鸿章一向是既不退缩，也不辩驳，一切我行我素。因为他认定这一切都是为了老佛爷。为竭力迎奉老佛爷（慈禧太后）的旨意，虽万死而不辞。由此，只要是老佛爷认可的事情，李鸿章就是再被辱骂，再被误解，也心安理得。超常心理素质又使他度过一个又一个政治危机，成为清朝立国以来最长的政治不倒翁。

好人该怎么做？

　　说了这么多，好像运用自我防御机制的不是阿Q这样的可怜虫，就是岳不群、李鸿章这样的奸恶之人。难道只有病态的行为才能保护我们的心灵吗？心理学家也推荐了几种不论对自己还是对社会都有好处的心理防御方式。

　　第一种是"补偿"。一个人也许某些方面存在缺陷，却可以通过极大的努力使原来的缺陷改变为自己的优势，如有些残疾人可通过惊人的努力而变成世界著名的运动员，有些口吃者可成功地变成说话流利的演说家。一个人也可以承认自己的缺陷,在其他方面发展自己加以弥补,如失明者通过发展听觉或触觉来进行弥补,或者一个体弱的人转向思想领域,以笔代剑寻求补偿。

这种方式的不足之处在于,如果过分补偿,则可能会导致心理的畸形发展。当男子对自己的雄性气质感到不安全时,他就会用一种更加雄性化的方式表现自己,作为一种补偿。20 世纪 50 年代以来,科学家就注意到那些自身阳刚之气受到贬损的男性更容易成为种族主义者或独裁分子。而中国古代宦官专权,骄横跋扈,结党倾轧的事情屡见不鲜,也可以说是为丧失掉的性功能寻找一种代偿式的强刺激。

第二种是"升华"。在现实中无法得到满足的愿望,通过某种符合社会道德规范的方式获得满足。有位保险公司的火灾调查员,每次听到哪里有火灾就马上跑过去看,以便调查起火的原因,帮助公司鉴定是否需要负责给予赔偿。这位职员每到火灾现场时,总会产生一种说不出的兴奋,因为他从小就有这种玩火的欲望。没有随便去放火,变成纵火犯,而是当上了一名火灾调查员,为公司服务,可以说是升华作用典型之例。

另外,如产生了违反伦理观念的爱情,现实中不可能得到满足,可以写成小说获得成功,比如歌德为了抵消爱情的痛苦并使自己从自杀的念头中摆脱出来,创作了《少年维特的烦恼》;一位性情感受到压抑的艺术家也可以创造出一具美丽的裸体雕塑;而攻击欲望旺盛的人不愿意伤害别人,或者说触犯法律,也可以进行体育运动,从格斗或射门中得到满足。

这是一种比较有益的自我防御,一方面转移和实现了原有的情感,达到了内心的平衡,同时又创造了积极的价值。

第三种就是"幽默"。我们在生活中会遇到一些富有幽默感的人,常常妙语连珠,甚至有些人并不擅长幽默,却也在别人的面面相觑之中乐此不疲地说着并不可笑的笑话。他们看似轻松潇洒,其实很可能是为了掩饰自己心中的压力。

当一个人遇到挫折时,常可以用幽默来化解困境,维持自己的心理平稳。例如,大哲学家苏格拉底不幸有位脾气暴躁的夫人。有一次，当他在跟一群学生谈论学术问题时，听到叫骂声，随后他夫人担一桶水来往他身上一泼，弄得他全身湿透，在场的人都很尴尬。可是苏格拉底只是一笑，说："我早知道，打雷之后，一定会下雨。"本来很难为情的场合，经此幽默也就化解了。

在人类的幽默中，关于性爱、死亡、淘汰、攻击等话题是最受人欢迎的，它们包含着大量的受压抑的思想，这正说明幽默是人们处于困难和尴尬境地时自我解脱的一种方法。越是具幽默感的人，受压力事件而致负面影响的程度就越小。

人类是一种脆弱的动物，总是很容易受到自然的、社会的甚至自己的伤害。为了保护自己，人类的心灵悄无声息地将自己层层包裹起来。当你发现身边的谁显得有些怪异，那很可能是他遭到了什么打击，正在保护自己呢。

没有杀戮的战斗

> 为什么敌对势力要抢夺我们的奥运火炬？为什么我们又如此愤慨？原来都是仪式性的战斗在起作用。

北京奥运火炬在海外传递的过程中，遭遇了许多坎坷。西方反华势力和藏独分子对火炬传递百般阻挠、亵渎，这些做法未必能给他们的反华分裂目的带来多少实际作用，可是他们仍然乐此不疲。为什么呢？这种举动其实是人类社会的常见现象，其根源则隐藏于人类内心深处的动物本性中。

装腔作势就行

孟子曾经讲过这样一个故事：从前，郑国派子濯孺子侵入卫国，卫国派庾公之斯追击他。子濯孺子突发疾病，不能够拿弓。庾公之斯追上来了，见子濯孺子不能战斗，不但没有乘人之危，反而说："我学习射箭的师傅是您的徒弟，我不忍心用先生的箭法反过来伤害先生您。然而，今天的事情是奉君主之命，我不敢不做。"便在车轮上敲掉箭头，向子濯孺子射了四下，然后就回去了。

这种装腔作势的战斗听起来好像闹着玩一样，实际上对庾公之斯来说是很有利的，一方面他保全了自己不杀伤老师的正人君子的名声，另外也为自己留下了一条后路，万一将来自己也走投无路落在人家手里呢？这种像仪式一样的战斗既表示他打败了敌人，完成了任务，又不会伤人。

其实，庾公之斯的这种做法并不是孟子所欣赏的古代君子的发明。动物行为学大师劳伦兹指出，在自然界的动物身上，这种行为非常普遍。

自然界里的动物与生俱来都有攻击的本能。这种本能可以使同一个物种的个体分布得更为合理，以免都挤在一起把食物都吃光，大家全部饿死。不过要是斗得太厉害也不行，最后这个物种搞不好会自取灭亡。于是，很多动物，尤其是那些具有致命战斗武器的动物，都聪明地采取了庾公之斯的仪式性攻击法。

响尾蛇在彼此争斗的时候总是十分小心，决不使用毒牙和毒液。双方靠近后先是面对面地互相凝视，然后颈部互相侧贴，其中一方便会突然向上窜起，然后再重重地落下并把对手压向地面。两只公牛交锋时，各自用其巨大的牛角将地皮铲得尘土飞扬，以显示自己的力量。东非大平原上的瞪羚则先是小心谨慎地走近对方，向对方展示和炫耀自己优美的角。

这种仪式化战斗是动物在进化中形成的避免在战斗中受伤或死亡的适应行为，能将受伤和死亡的几率降至最小。

在原始的人类社会中，人们赤裸裸地相互攻击。在今天的文明社会里，人们也学会了仪式化、象征性的攻击行为，比如大学生在宿舍里会互相起外号，相互取笑、耍贫嘴、相互作弄等。这看似是年轻人调皮捣蛋，其实却是一种仪式性的攻击行为，在言语攻击行为中谁更机智、更幽默，谁的地位就会更高。

想咬就请便吧！

发现自己处于弱势的一方也会发出表示认输和屈服的信号，通常是把自己身体的要害部位暴露给对方。例如，一只小狗面对不友好的大狗会仰面朝天倒下，露出最易被攻击的喉咙和腹部，那意思是："我服了，想咬就请便吧！"一般大狗见到这个仪式化动作往往就停止攻击了。黑猩猩会伸出一只手作为臣服的姿势，这使它的手极易被对方咬伤。因为发动进攻的黑猩猩绝不会咬战败者伸出的手，所以这一乞降的姿势可以使强手息怒。刺鼠会闭着眼侧躺在地上，四肢外展。而野生的天竺鼠会将自己的臀部转向对手。战败者发出的所有这些信号都有助于抑制对手发动进一步的攻击，从而避免了战斗的进一步伤亡。这与人类举起双臂投降没有什么区别。

英国人类学家德斯蒙德·莫利斯认为人类各个民族的跪拜礼仪很可能也与这种弱者认输的仪式有关。发出威胁信号时，我们使身子膨胀到极限，使身躯尽量伟岸魁梧。表示臣服的信号则是尽量压低身体，使强者处于居高临下的位置。所以灵长类动物都会采取蹲姿表示臣服。我们人类更是将这种动作发扬光大，发明了一大套表现屈从的动作，从屈膝礼、鞠躬礼、跪拜礼一直到五体投地。

网友"江上小堂"总结说：当一个人向另一个人跪拜时，他传达的信息是，我已经放弃对抗，我完全解除我的攻击力，我完全听命于你，任由你处置。跪拜在等级严格、不平等严重的社会尤为突出，因为在这样的社会，需要经常性地表示臣服。在中国漫长的集权社会中，跪拜广泛地存在于各种场合：臣民见了皇帝要下跪，百姓见了官要下跪，子女见父母要下跪，祭拜祖先要下跪。

大多数驾车人因违反交通规则的小毛病被警察拦截时，会立即申辩自己并未违反规则，或者找借口为自己开脱。他们这样做其实是把自己放在与警察争斗的对立地位，这是最糟糕的行动，会使警察更加严厉。相反，如果表现出非常顺从的态度，警察就很难发火。如果这时更进一步从体态和表情上都表现出惧怕和顺从，迅速下车走到警察眼前，缩着身子，耷拉脑袋，警察便一下子获得高高在上的权力感。

他心情一好，对你怜悯的心态便油然而生，处罚自然轻了许多。

大家一起抽烟吧！

动物和我们人类在表示威胁和臣服的时候做出这些行为的根本目的就是为了转移、疏导强势一方的内在攻击本能。所以在我们人类社会，要缔造和平免不了需要有些仪式帮忙。

比如说，两个印第安人部落的首领斑狼和花鹰都不想再打仗了，但谁都不愿先说出那句示弱的求和请求，两个心怀敌意的首领只好尴尬地坐在一起闷声不响，最后不约而同地把攻击心理转移为毫不相干的猛抽烟叶，以及讨论烟叶质量味道等，进而互相以品尝对方的烟叶发出求和暗示，达成停战协议。抽过这"和平之烟"后，双方也就不再对抗了。中国男人一见面常常互相递烟，八成也是一种典型的把攻击心理疏导化解为友好关系的仪式化行为。

国家首脑间的欢迎仪式更有明显的转移、疏导攻击的作用。想想那场面，一国士兵紧握武器死盯着代表另一国的对方首脑，指挥官向他举起战刀又猛地挥下，礼炮隆隆作响，都是以欢迎仪式浓缩替代真正的战争，并将其转化为友谊的最强烈表示。

从这个角度讲，我们现在常常把和平与奥运会这样的体育盛会联系在一起，完全是有道理的。因为体育就是一种形式化的格斗。体育比赛的核心不是杀死对方，不是让人死亡，而是通过象征性的胜利与失败来凸显自我之成败。可以说，体育盛会就是一种仪式，把人们的攻击本能变成了和平与友谊。

北京奥运火炬传递也可以这样来解释。英、法、美等国借机鼓噪抵制奥运，故意给火炬传递制造障碍；藏独分裂分子举着各种藏独标语、旗帜在火炬传递路线上示威、叫嚣，甚至抢夺火炬，这就是在用一种仪式性的方式对中国进行攻击。正因为如此，热爱祖国的华人华侨留学生们才会异常悲愤，他们深刻地感到自己的祖国和民族受到了攻击，于是也同样以仪式性的举动予以反击，比如高擎五星红旗，用红色海洋淹没藏独分子，高唱国歌，用嘹亮的歌声压倒藏独分子的叫嚣。双方很少有武力冲突，可是战斗仍然激烈万分。

追逐痛苦的英雄

> 很多我们熟悉的革命家都有类似的,仿佛耶稣基督被钉在十字架上一样的牺牲精神。在他们身上我们会发现惊人的忍受力,他们不停地退让、屈服,甚至主动去寻找挫折,寻找失败。

自讨苦吃的革命家

1967年10月,在荒凉的安第斯山下一所玻利维亚乡村学校里,一个形容枯槁、满头长发的男人坐在椅子上,一言不发地抽着雪茄。"审讯者"问他在想什么时,他坚定地回答说:"我想,革命是不朽的!"第二天,当玻利维亚军人准备用冲锋枪处决他的时候,他还昂首挺胸地对刽子手说:"开枪吧!懦夫,你只是要杀一个人!"

这个人就是被誉为"红色罗宾汉"的切·格瓦拉。他原本已经功成名就,可以在荣华富贵中终老,却自讨苦吃,死于非命。

格瓦拉生于阿根廷,家庭优裕,从医学院毕业之后,痛感人民苦难非药可治,决心从事政治斗争,以解放整个拉丁美洲为己任。1957年,他在墨西哥结识了古巴革命者卡斯特罗并与其结成密友,两人很快便率一支小队乘船潜回古巴,上山进行游击战,以七支步枪起家,一年多后就推翻了亲美的独裁政权。这是美洲历史上唯一一次成功的社会主义革命。

革命胜利以后,格瓦拉作为古巴第二号领袖自然拥有极高的荣誉和待遇。然而5年之后,他却抛弃这一切,率领125名游击队员跑到非洲刚果进行游击斗争,支援那里的起义军,想在非洲的心脏地区建立一个新古巴。但当地人组织起来的乌合之众,漫无纪律、纷争不休。革命斗争一筹莫展。

在非洲丛林吃足了7个月的苦头之后，格瓦拉又回到南美，想在玻利维亚的峡谷丛林地带建立游击中心。玻利维亚政府立即派出由美国教官调教出来的精锐部队围剿。游击队的秘密仓库被搜获，城市中的联络网也遭到破坏，游击队像一群原始人一样饥一顿饱一顿，衣衫褴褛地出没在深山老林中。最终，格瓦拉被俘遇害。

格瓦拉为了全世界的革命事业而毅然放弃舒适的家境。当他在古巴大权在握时，他又为了自己的理想放弃了高官厚禄，重返革命战场，并战斗直至牺牲。他那种为解放苦难者不惜献身的精神得到了世界青年人的尊崇。在许多国家的群众集会上，经常可以看到他的画像和毛泽东像并列。那幅穿作战服留胡子的照片，成了为摆脱苦难而奋斗的许多人的精神偶像。

然而，一个美国心理史学家布兰察德却提出了一个令人们难以接受的观点：格瓦拉之所以这样投入地献身革命，其实是源于一种受虐心理。

痛并快乐着

人们通常都是追逐快乐，厌恶痛苦。然而，痛苦对于生命而言却具有非同一般的意义。

神创造人类的最奇妙之处正是为我们创造了痛苦。生命总是在母亲分娩时的疼痛中诞生的。母亲对孩子的爱是由分娩时的痛苦开始的。痛感是生命形成之后的第一种感觉，也是最本质的感觉。人正是通过对别人痛苦的不同态度来确定彼此的关系的。而当我们知道自己爱上了某一个人，那一瞬的体验往往不是欢乐万分，而是心的某处莫名地痛了一下。汉语里面有"疼爱"、"心疼"这些表述，正说明爱的原初体验是痛。是痛苦造就了人的梦想、人类发展的可能和人的尊严。或者说，是痛苦造就了人。

人类天生就对痛苦怀有某种既惧怕又渴望的心理，这种心理可以在某种特定的环境下转化为一种对受虐的追求——通过对受虐时痛苦的感受，受虐者可以获得犹如新生一般的心理快感。

就个体而言，有受虐性格的人潜意识中相信：灾难，痛苦和贬低最终会得到报偿。他信奉这样一个公式：被惩罚即是被爱。因此，受虐者总是心甘情愿地接受生理和心理上的痛苦，自愿地接受折磨、羞辱和牺牲，并在这种痛中快乐着。正如我国性学家李银河所言："有受虐倾向的人会在遭受折磨和陷入无力之中获得享受。"

格瓦拉似乎就具有这种倾向。他出生于一个贵族家庭，祖上一直是阿根廷最大的地主，可是他却痛恨贵族。他总是故意穿着破烂的、沾满尘土的衣服，头发乱糟糟的。有时候肮脏几乎成了他所崇拜的巫神。他把自己认同为受压迫者，和穷人在水泥管中过夜，在智利铜矿的矿工窝棚里投宿，在秘鲁的麻风村为患者诊病。

当古巴革命胜利以后，权力和地位可能使其受到特别优待让格瓦拉尤为不安。成功和权力的光环简直成了一种折磨。放弃古巴政府高位的他，宁愿到任何一个他能够重温旧日代表穷苦人民同富人和当权者作战的刺激和兴奋的地方去，"一种苦修的形式，从责任的重担下逃避出来"。只有当他与被压迫者能直接联系的时候，只有当他能与一个强大的压迫者作战的时候，他才能感受到一种个人的德行意识。格瓦拉自己写着："游击队员愈是感觉到不舒服，经历的自然条件愈是严酷，他愈是感觉到像家一般。"

不止一个格瓦拉

其实不止格瓦拉，很多我们熟悉的革命家都有类似的仿佛耶稣基督被钉在十字架上一样的牺牲精神。在他们身上我们会发现惊人的忍受力，他们不停地退让、屈服，甚至主动去寻找挫折，寻找失败。他们不但在这个过程中体会到了前所未有的满足和快感，而且也在压抑和困窘中积累了爆发的能量。

卢梭童年时期崇拜的是那位将手伸向喷着熊熊火焰的火盆以展示其承受痛苦的能力的英雄斯凯沃拉，年幼的马克思的偶像则是那位为人类盗火，被锁在岩石上任由老鹰啄食肝脏的挑衅者普罗米修斯。

原本是英国军官，后来却成为阿拉伯人的领袖的劳伦斯，热衷于训练自己忍受沙漠的酷热、蚊虫叮咬，徒步长途跋涉，超负荷地劳动和工作。退役以后，他以二等兵的身份加入皇家空军，却拒绝任何高于下士军衔的提拔,并且为自己曾有过个人野心而自责。他最后死于近乎于自杀的摩托车超速驾驶。

俄国文豪列夫·托尔斯泰幼年时常常陷入自找的痛苦之中。他会伸直手臂托举一本沉重的词典5分钟;或者用鞭子抽打自己的光脊背,直到打出眼泪;或者突然跳下马车在马的前面奔跑,直到筋疲力尽。他相信自己非常丑陋,并且经常做一些事情夸大自己的丑陋,比如剃掉眉毛或者半边头发。当沙皇政府镇压和迫害革命者时,托尔斯泰一再地向政府发起挑战,要求政府逮捕他,声称自己就是宣扬革命的小册子的作者,可是当局拒绝了他。于是,托尔斯泰陷入一种悲惨的境地,他越来越反感庄园里舒适的生活,在80岁高龄的时候离家出走,结果在火车上病死。

印度圣雄甘地尤其善于折磨自己。在监狱里的时候,他吃不到盐和咖喱粉,天黑之后才能吃到晚饭。出狱以后,他仍然延续这种苛刻的饮食。他还把绝食作为非暴力斗争的一种手段,他为了坚持真理和现实斗争的需要,一生有纪录的绝食共计18次,累计140天,其中3次长达21天。为了禁欲,他故意睡在赤身裸体的年轻姑娘中间,强制自己抵抗诱惑。他倡导非暴力的抵抗,追随他的志愿者赤手空拳面对殖民者的警棍和铁棒,毫无惧色,一批人被打倒在地,另一批又挺身而上,持印度教经典《薄伽梵歌》,视死如归,面不改色心不跳地走进监狱。

这些反叛者或革命者就像总是叮在国家这层牛皮上的牛虻——他们用各自的方式一刻不停地斥责着特权和不公。他们面对强大的对手,不仅毫不畏惧退缩,而且能够从失败的挫折和屈辱中感受到欣慰和快乐,在道德上的优势和胜利也能够为其带来巨大的快慰。他们梦想着大众为敬仰他们的德行而欢呼,梦想着后代在他们墓前哭泣。

他们认同受压迫者,主动加入受难者的队伍,此后一发而不可收。遇到的反对越多,他们越是坚忍不拔;经历的苦难越多,他们越是钟情于苦难。在与天斗、与地斗、与人斗中,他们其乐无穷。

在胜利和权力面前,痴迷于革命和动荡的革命者常常表现出迟疑和徘徊,甚至可能用逃避胜利的方法来延长自己作为反抗者的角色,即使将权力硬塞给他们,他们也不接受。当革命胜利之后,有些人渴望回到起义造反的旧时光,有些人企图保持野外那种艰难困顿的革命境界,还有的则始终保持着一种不合时宜的对敌人的警惕,永远渴望唤起群众觉醒。

革命者甘愿"受难"吃苦甚至牺牲自己其实是一种受虐心理?当我们为这一粗鲁冒犯的结论而震惊的时候,应该想想一位美国作家说过的话:"绝不要以为你了解人类心灵的全部秘密。"

流言点燃的革命风暴

> 法国大革命和中国武昌起义各有着不同的历史背景,可是它们都是流言引发的。流言是人类给自己制造的哈哈镜,总是让人尴尬地意识到,原来自己是这么愚昧。

空荡荡的巴士底狱

公元1789年初夏,整个巴黎城弥漫着一种不祥的气氛。这一年法国的经济状况不佳,物价飞涨,饥荒严重,匪盗横行。国王路易十六在凡尔赛宫召开三级会议,想让大家坐下来好好商量商量如何解决法国目前面临的问题,没想到代表资产阶级和农民的第三等级却闹着非要政治改革。

双方的对立步步升级,形势越来越紧张。城里的咖啡馆里充斥着各种谣言和传闻,人们绘声绘色地互相描述着国王的专制统治,以及这个家庭的腐化堕落。有关贵族们正在酝酿一场可怕的阴谋的流言不胫而走。

为什么恰恰在第三等级企图通过三级会议来限制王室贵族的专制特权、伸张自己的政治权利的时候,法国会出现如此严重的饥荒,会有那么多人行乞、流浪？尤其是为什么恰在此时会出现那么多盗匪？整个第三等级都坚信，所有这些现象都是贵族们有预谋地精心制造出来的，它们体现了一个空前庞大而险恶的阴谋，就是企图通过搞垮经济、制造饥荒来把人民饿死，而那些四处流窜的匪帮，则无非是为贵族实施反革命阴谋的一支支别动队。

7月初，大批军队在巴黎市郊集结。人们对他们是来镇压人民的流言愈来愈相信，也愈来愈不安，愈来愈愤怒。尽管国王通过大臣解释说，军队开来只是为了预防骚乱，不是镇压人民，可是人们根本不信。他们开始在巴黎建立起一支自卫军，负起保卫首都公共安全的任务。7月12日下午，主张改革的大臣内克被解职的消息传到巴黎，"贵族阴谋"在人们的心中已经完全被证实。自发的游行队伍走上街头，并开始与皇家保安部队发生冲突。此时，谣言纷传国王的军队将从蒙马特尔高地和巴士底狱炮轰巴黎，郊外的大批盗匪也将进城劫掠。顷刻间巴黎群情激奋，警钟长鸣，人们开始抢劫武器商店，武装自己。

7月14日，为了得到更多的武器，人们先是涌入荣誉军人院夺取武器，接着便冲向传说中关押着无数专制统治牺牲者的巴士底狱。从这个貌似恐怖森严的监狱里，只解救出7名犯人，其中两人是精神病患者，一个是家人花钱监管在这里的不良青年。法国大革命就这样在流言中一发不可收拾。

被销毁的花名册

公元1911年，在欧亚大陆的另一端中国的武昌，流言再次触发了一场革命。20世纪初的大清帝国仍然强撑着千疮百孔的病体，不肯倒下。孙中山、黄兴等人领导的革命党在武昌起义之前已经进行过10次起义，全都宣告失败。1910年广州起义失败之后，革命党人决定暂时偃旗息鼓，积蓄力量，等到1913年再发动大规模起义。所以，当1911年武昌起义成功之时，孙中山、黄兴等民主革命的核心人物均不在武昌。后来，孙中山回想起当年的情景时，也直言不讳地说："武昌之成功，乃成于意外。"

那么究竟是什么"意外"地触发了武昌起义呢？武汉理工大学的黄岭峻认为同样是流言。

1911年10月9日，革命党人孙武等在汉口俄租界宝善里赶制炸弹。炸药突然爆炸，俄国巡捕闻声赶来。孙武等人虽已火速撤离现场，但为起义准备的旗帜、文告、花名册全部被抄走。

湖广总督瑞澂立即宣布全城戒严，并且根据名册抓捕了三名革命党人彭楚藩、刘复基与杨洪胜，经过简短严刑逼供之后，当夜即将他们处决。其实，瑞澂这么做恰恰是不想扩大事态，如果清朝地方政府想顺藤摸瓜将革命党人赶尽杀绝，就应该留着这三个人继续套取口供。他甚至采纳了多数新军军官的建议，准备销毁缴获的花名册，对军队中的革命党人不予深究。第二天，瑞澂便向朝廷报告案件经过，并为有关人员邀功请赏，好像这件事到此为止，万事大吉。

甚至连我们印象里心狠手辣的清政府也是这个态度，反复向地方大员们强调"如搜获逆党名册，立即销毁"，生怕惹出事儿来。可惜，清廷的这种"善意"没能让全国的老百姓知道。武昌的新军宁可相信一条流言——"朝廷正在捕杀革命党人"。

这则流言源于革命党人的一种猜测。孙武等人逃脱之后，革命党很自然地猜想名册将会落到朝廷手中，清军必定会点着名前来捉拿。当彭、刘、杨三位革命党人被捕遇害时，谣言又演变为"朝廷正在按有无长辫捉拿革命党人"。因为在1910—1911年间，湖北新军中曾刮起一股"剪辫潮"，遭难的彭、刘、杨三人皆曾剪去长辫。又因为剪辫的汉族士兵特别多，所以流言又顺理成章演变为"朝廷正在捕杀汉族士兵"。最后，所有人都相信官员们正在编制所有汉族士兵的花名册，将以革命党罪名逮捕湖北新军中所有的汉族士兵。

不难看出，谣言所涉及的范围愈来愈广了。当时在总数约1.7万名的湖北新军中，革命党人不过将近2 000人，同情革命的约4 000人。也就是说，此前在湖北新军中只有三分之一的人倾向于革命，绝大多数士兵还是处于游离观望状态。而压垮骆驼的最后一根稻草，则是这则涉及众多汉族士兵身家性命的谣言。既然已经命悬一线，士兵们就只能拼死一搏了。

1911年，湖北新军在武昌起义成功，立国268年的清王朝就此寿终正寝。

流言的公式

法国大革命和武昌起义各有不同的历史背景，但是最终都是由似是而非的流言所引发。对于这种幽灵般飘散的闲言碎语，社会学家们是怎么看的呢？

西方学者认为，流言是在一群人议论过程中产生的即兴新闻。它起源于一桩重要而扑朔迷离的事件；在相互传播事件信息并加以评论时，这群人逐步得到了一个或几个解释，于是流言就产生了。

流言学研究的鼻祖、美国哈佛大学教授奥尔波特曾给出过一个流言产生的公式：$R = i \times a$。根据这个公式，流言的强度（"R"代表"流言"）等于消息的重要程度（"i"代表"重要性"）和环境不稳定程度（"a"代表"不稳定性"）的乘积；大环境越不确定，消息越重要，流言也就越强。但是，如果这些因素中的任何一个接近零，流言就不可能产生。

所以，当社会的固有秩序开始紊乱，社会组织日趋松懈，制度纲纪职能低下时，人们凭直觉感到社会将发生重大事件，就会对社会现状和未来作种种猜测，议论纷纷，以讹传讹，流言四起。

在社会上无足轻重、不引人注目的人，不会引起流言。一个人一旦成为某群体内的著名人物，居于显要的地位，关于他的流言就会多起来。如果没有你的流言出现，只能说明你还不够重要。

七嘴八舌为哪般

那么，人们为什么喜欢七嘴八舌地传播流言呢？

在社会动乱时期，人们为了表达自己的希望，常常不自觉地对某事加以牵强附会，又因为这种附会符合当时大多数人的愿望，所以极易传播为流言。在第二次世界大战期间，德军的铁蹄蹂躏了欧洲大陆，唯有英国保持着自己领土的完整，因此，沦陷区的人民寄希望于英国，一会儿传说英军打到了马其诺防线，一会儿又传说英国研制出一种新式武器，将一种药粉往空中一撒敌机立即焚毁，等等，这些流言实际上表达了当地人民的愿望。

在信息缺乏的情况下，人们急于了解真相，得出结论，处于一种恍惚不定、紧张忧虑的情绪状态之中。这样，那些街谈巷议、毫无根据的断言、"小道消息"就会乘虚而入，填补由于信息不明造成的空白。从这个意义上说，流言能迎合不明真相的人的心理需求。

那么，流言为什么总是似是而非、严重失真呢？这是因为人们在描述一件事情或传播某个消息时，为增加听者的兴趣，吸引他们的注意力，往往在有意和无意间言过其实。无数传播者的这种心理迭加，最后必然会制造出一则耸人听闻的消息。

即使不喜欢夸张的人也很难在口口相传的过程中保证信息的完整。流言在传播过程中总是不断地被简化，遗漏掉某些细节，变得更加简明、通俗，易于被更多的人接受。艰深繁复的逻辑推理向来不是流言的特色。事实上，在汉口宝善里事件之后，"清朝政府正在大量捕杀革命党人"的谣言也经历了一个被简化的过程。

流言止于透明

法国国王和中国清廷都崩溃了，流言意外地推动了历史的发展。可是如果有朝一日，当我们面临流言的困扰时该怎么办呢？

首先应该记住，流言止于透明。在第二次世界大战期间，伦敦遭到德国飞机的狂轰滥炸和V-2导弹的袭击。在英国有关损失惨重的流言几乎没有。这是因为首相丘吉尔不断地向全国如实汇报蒙受的损失。而在美国，情况却相反，由于实行战时新闻管制，日本偷袭珍珠港后，全国流传了很多关于美军失败的流言，有的甚至说美军在太平洋的力量全部被摧毁。最后，罗斯福总统不得不亲自出马，在一次新闻记者报告会上报告了珍珠港战况，流言才得以平息。

清政府在武昌起义爆发后，也曾经想让乡绅们向人民澄清自己的怀柔政策，可是没起到任何作用。心理学上有种说法，叫"谬误重复一百遍就会变成真理"。流言通过无数的小渠道散播出去之后，不停地被人散布和重复……到最后，你就宁愿相信谎言了。心理学上这叫做"心理定势",是历经无数次重复后才形成的。对于经过不停重复而形成的流言,辟谣的办法也就是相应的不停地重复,从不同渠道辟谣,不停地重复正确的东西,流言才会消失。

流言是人类给自己制造的哈哈镜,总是让人尴尬地意识到原来自己是这么愚昧。如果你能意识到这一点,你就能战胜它。

不知不觉攥紧你的心

> 优秀的恐怖电影导演必定是一位心理学专家。他会冷酷无情地把人心底最畏惧的幽灵扯出来,让你看。不管电影讲述的是什么故事,抛出的是什么恶魔,你所看到的其实是你自己最可怕的命运。

恐怖电影总是能够让你在惊声尖叫中魂飞魄散。不管你是发誓再也不踏进电影院一步,还是乐此不疲地期待着在下一部恐怖电影中寻找刺激,有一点是肯定的,你被吓住了。不过问题是,电影究竟用什么东西吓住了你?是断体残肢的血腥场面吗?恐怕不是。那与其说是恐怖,还不如说是恶心。湖南师范大学的学者刘超认为,从心理学上讲,一部成功的恐怖电影通常会用三招,在不知不觉攥紧你的心。

扭曲的世界

在著名日本电影《午夜凶铃》之中,有这样一个情节:几个一起外出度假的中学生相继离奇身亡。他们留下的合影照片上,面部全都模糊不清。这就是被冤魂盯上的标志。而当调查此事的女记者观看过那盒寄托着冤魂的录像带之后,忽然发现自己照片上的面目也扭曲了。

这一幕既没有血腥,也没有鬼怪,可是那一张仿佛冲洗不当造成的模糊照片却让观众惊出一身冷汗，叫都叫不出来。这就是恐怖电影中最常用的手法——扭曲。在屏幕上，一个护士完全不会令你紧张，可是如果这个护士的头上缠满绷带，浑身痉挛，手拿注射器向你走来，你不可能不害怕；一个嗜血的杀人狂并不能让你害怕，可是如果一个温柔可爱、毫无伤害能力的幼女，突然眼露凶光，择人而噬，你一定会惊恐莫名。

恐怖电影中的扭曲就是把原本正常、无害的东西忽然变成不正常，或者是一种威胁。从哲学的意义上讲，扭曲的本质就是现代人无可奈何的生存状态——异化。它指的是人们的生产活动及其生产出来的产品反过来作用于人的自身。在异化活动中，人的能动性丧失了，遭到异己的物质力量或精神力量的奴役，从而使人的个性不能全面发展，只能片面发展，甚至畸形发展。异化使人的自我消失在他人之中，是一种存在的危机。

在当代，异化的力量已经渗透到人类爱欲的本能领域，压制了包括情感在内的一切人类的本质追求。当代人们生存在这种自内而外的异化环境中，自然产生出一种扭曲情感，并在日常生活中于言语、行为中表现出来。

电影艺术家们很敏锐地将扭曲的情感凝结成为一种独特的感觉形式——肢体和声音的扭曲，以此烘托恐怖的个体死亡幻觉。在《午夜凶铃》中，将死之人在午夜接到的电话中声音是扭曲的；冤魂贞子爬出电视机，整个身体都呈现一种不正常的扭曲。好莱坞的僵尸片中，死人大多肢体扭曲，东倒西歪地前行。

更高明的恐怖片导演甚至将人性也扭曲了。美国经典影片《大法师》中，原本天真无邪的小女孩，忽然恶魔附体，口吐绿水，倒转四肢爬行。《鬼娃新娘》中，一对被恶鬼依附的布娃娃到处杀人。日本电影《大逃杀》中，则是一群原本应该在课堂上安静读书的中学生，彼此刀斧相向，血肉横飞。

我们害怕的是流血吗？不是，我们害怕的是自己无法控制自身的异化。

无知者有畏

雯雯与丈夫家乐郎才女貌，恩爱非常，一直陶醉于幸福的生活之中。一天，雯雯收到一张来历不明的光盘，光盘中一个老者预言雯雯将会失去所有的一切。雯雯满腹疑云，没加理会。但是一场交通意外后，苏醒的雯雯惊恐地发现，身旁所有人竟称呼她为菲欧纳——那个一直单恋家乐的秘书，而菲欧纳则取代了她的身份，变成了雯雯。

这是香港电影《惊心动魄》讲述的可怕故事。一觉醒来，突然你身边的人都告诉你，你其实不是你，你是另外一个人，你的父母，你的朋友，你喜欢的人，关怀你那么多年的家人和朋友竟然从来都不认识你，而且可能时刻在提防你，甚至想要害死你。这确实很惊心动魄！因为你不知道这是怎么一回事。

有句话说"无知者无畏"。一个不知道对手厉害的人的确无所畏惧。可惜大多数人不是这样。他们能够看到外界环境变迁的影子，却不知道真相何在，于是剩下的只能是恐惧。原始人对自然界的畏惧就是这样。

现代人虽然掌握了很多科学知识，对自然界的风雨雷电不再顶礼膜拜了，但是由无知引起的畏惧感可能更甚于古人。在当今时代，知识高速增长，信息爆炸，媒介泛滥，一个人的感官和智力都有限，所能掌握的信息与整个世界制造的信息比起来简直微不足道。在这种情况下，人们时时刻刻面临一种无知状态，其产生的心理结果就是无依无靠的无把握感。

人们寻求理性的力量，可是理性却把人抛入空无之中，使人双手紧握却虚无一物。恐怖电影非常善于让观众随同主人公一起，置身于一个完全陌生的自然环境和人际关系当中。在恐怖电影里，一盒你非常熟悉的录像带可能藏着索命的鬼魂，你视线的焦点之外可能会跳出一个恶灵。在美国电影《寂静岭》中，雾蒙蒙的天空不停落下雪片一样的灰烬，空荡荡的小镇上四处游移着貌似小女孩的奇怪身影，房间里潜伏着许多能够吞噬并幻化成所触及生物形态的诡秘物质。妻子在黑暗的世界中喊叫，近在咫尺的丈夫在现实中能够感觉到，可是却无法触及。

在无知的状态下，人毫无抵抗能力。这种无助使周围的一切都变成恶魔。人们熟知的阎罗王比不上一个来历不明、面目不清的小妖可怕。一种你不知所以然的恶灵是不可阻挡的，人们只能在焦灼恐慌中等待死亡。而当电影进行到后来，冤魂厉鬼的来历被揭开之后，尽管尚未将其制服，观众的心也会渐渐放松下来。

让人绝望的封闭空间

封闭空间也是恐怖电影钟爱的绝招。封闭空间利于制造危急、恐怖的气氛。因为这样的空间中，遇到危险的人躲无可躲，藏无可藏，只能直接面对。危险会随时发生，防不胜防，观众与主人公在令人窒息的氛围中一同体验恐惧。所以电影中，紧锁房门的屋子、地下室甚至衣柜，都是恐怖事件发生的理想地点。

美国电影《沉默的羔羊》中潜藏于黑暗中的危险，让观众为女主角捏一把冷汗，她清晰可闻的喘息声，更使观众的心提到嗓子眼，大气不敢出。《德州链锯杀人狂》中虽然很多画面令人恶心，但在利用空间环境营造恐怖气氛上是成功的。地下室的屠宰场混乱血腥，充满死亡气息自不必说，开阔的旷野同样给人窒息之感：荒郊野外，废弃的汽车，丛生的杂草乱树，前不着村后不着店的一栋破房子，主人公孤立无援，从心理意义上讲，这个空间仍然是封闭的，笼罩着绝望的气氛。

封闭空间就是一种隔绝状态，一种人与自然和人与人之间的双重割裂。古代农田里的农民在一个平面上活动，走街串巷的商贩在一条线上活动。发达的现代交通虽然使我们可以快速抵达我们想要去的目的地，但是我们的活动空间却越来越小。人们好像只是不停地从一个房间走入另一个房间，在一个一个点上活动。而我们彼此之间的关系也越来越淡漠，越来越孤立，自行其是。幽闭的感觉如本能一般被压缩在我们的意识深处。

在恐怖电影中，很多恐怖情节都发生在地下或者封闭的空间，例如经典的《异形》系列中的太空船，根据斯蒂芬·金小说改编的《血色玫瑰》的古宅，最近好莱坞拍摄的《黑暗来袭》的地下。相比西方导演，东方的导演似乎喜欢更加狭小的空间，如电梯和洗手间。《咒怨》中，导演只是让小孩子模样的怨灵隔着电梯门看着受害者，《鬼水幽灵》中，受害者和怨灵挤在同一个电梯中，让人不能不毛骨悚然。

优秀的恐怖电影导演必定是一位心理学专家。他会冷酷无情地把人心底最畏惧的幽灵扯出来让你看。不管电影讲述的是什么故事，抛出的是什么恶魔，你所看到的其实是你自己最可怕的命运。

第二章　人心的深处

第三章 非常人生

要像狗那样活着

> 人为什么要像狗一样生活？在古希腊人看来，狗这种动物能够在艰苦恶劣的环境中保持自己的本性。第欧根尼觉得，人就应该抛弃一切社会约定的束缚，像狗一样完全按照自己的本性来安排生活。

住在一个大木桶里

公元前4世纪的古希腊，在黑海之滨的一个小城邦里有一个名叫第欧根尼的哲学家，他是一位多才多艺的人，曾经创作过7部悲剧和10多部对话作品。但是他的性格却非常怪异，以乞讨为生，整天住在一个大木桶里。

当时马其顿帝国的皇帝亚历山大是个尊重知识的人，听说这位第欧根尼很有学问，便专程来到那个大木桶前面，准备拜访这位生活方式奇特的哲学家。

第欧根尼刚好正躺在木桶里享受着和煦的阳光。亚历山大恭敬地对他说："我是马其顿帝国的皇帝亚历山大。尊敬的哲学家，您现在提出的任何要求我都可以满足您。"随行的人们都为亚历山大的慷慨而惊叹。要知道，马其顿帝国是世界历史上为数不多的几个横跨欧亚非三大洲的大帝国，可以说是富有四海。亚历山大大帝完全可以让一个人转眼之间由街头乞丐变成亿万富豪，或者是由卑贱的奴隶变成一呼百应的国王。

但是这位奇特的哲学家却只是轻描淡写地说："如果是这样的话，请您挪开一点儿，不要挡住我的阳光。"

要像狗那样保持本性

无视唾手可得的富贵荣华，宁可以木桶为家晒太阳，足以令人称道，不过第欧根尼最令人啧啧称奇的还是他的一句名言：要像狗那样活着。

人为什么要像狗一样生活？在古希腊人看来，狗这种动物能够在艰苦恶劣的环境中保持自己的本性。第欧根尼觉得，人就应该抛弃一切社会约定的束缚，像狗一样完全按照自己的本性来安排生活。

第欧根尼年轻的时候曾经干过涂改货币的荒唐事，结果因此被逐出了自己的城邦。第欧根尼不但没有悔改，反而变本加厉，他想要涂改所有世上流行的货币。他认为每一种货币都被打上了某种印记，但是这种印记是虚假的。就如同个人身上的"将军"、"国王"的印记，物品身上的"荣誉"、"幸福"、"财富"之类的印记一样。

第欧根尼就是希望通过涂改货币打破人们对虚荣的追求。他对人类的生活提出了以下四方面惊世骇俗的主张。

对什么都不动心。人应该对自己所遭受的各种苦难泰然自若，不当回事儿。人生在世，总会遇到许许多多的挫折和失败，如果一一较起真儿来，便会引出无尽的忧伤和烦恼。在这样的时刻，人应该向狗学习，不论环境多么艰难，都能优哉游哉地生活下去。

对社会不承担责任。社会责任是人与人之间约定的结果，而约定就意味着个人本性的丧失。因为人因此便受到了约束，不能为所欲为。所以个人完全不必对整个社会负责任。第欧根尼认为，只有"自足自立"的人才是真正的人。可是这种人在现实世界中简直太少了。因此，第欧根尼曾经白天打着灯笼，到处寻找所谓"真正的人"。

想说什么就说什么。每个人都有自己的想法，都有用语言表达出这种想法的欲望，不管自己的想法是否与流行的社会习俗相冲突。第欧根尼就从来不限制自己的言论，他甚至还挺身而出，为偷盗神庙、吃人肉甚至乱伦等即使现代社会也难以容忍的丑恶行为辩护，引起公众哗然。

想干什么就干什么。第欧根尼觉得人应该抛弃道德、荣誉之类的限制，毫无顾忌地想干什么就干什么。他蔑视财富、名声、快乐、生命等社会公认的价值，反而大肆宣扬它们的反面：贫困、恶名、痛苦和死亡。他自己为了倡导这种思想，甚至曾不顾廉耻地在大街上跟妓女乱来。

流传后世的"犬儒学派"

在希腊神话中，普罗米修斯从天神那里偷来了火种，从此人类文明才开始繁荣。但是，第欧根尼对这位公认的盗火英雄却满腹牢骚。他认为，普罗米修斯为人类盗来火种，只是加速了人类的奢侈和堕落，社会物质文明的进步并没有带来道德水平的相应提高。人类反而把自己的聪明才智都浪费在了追求享乐上。所以在神话的结局中，普罗米修斯被大神宙斯缚在山崖上，每天遭受神鹰啄食心肝的痛苦，纯属活该。

第欧根尼不乏追随者。他死后一百年，还有人在亚历山大港散发小册子，宣传没有财产是多么轻松，生活俭朴是多么幸福，对自己的家乡恋恋不舍是多么可笑，为自己去世的亲人、朋友哀悼是多么愚蠢。人们根据"像狗那样活着"的信条，将这些人称做"犬儒学派"。

第欧根尼的奇谈怪论在其死后几百年仍然对西方社会各阶层产生很大的影响。但是无论在当时，还是在之后的任何一个时代，这种思想都无法被主流社会所接受。事实上，任何一个社会都不能容忍这种对社会基本秩序的破坏。但是第欧根尼已经被永远载入了哲学史，他那种愤世嫉俗、玩世不恭的思想几千年来一直为后人们反复品味和争论。

偷窥心理学家的书桌

无动于衷地否定一切

> 我们不可能知道事物背后的真相,最多是明白事物显现给我们的样子,而每个人眼里显现的东西不可能一致,所以也就没什么标准答案。

风暴中的猪

古希腊有一个哲学家坐船在海上航行,突然遇上大风暴雨,船在风暴中颠簸,随时都可能倾覆,人们惊惶失措,有的痛哭流涕,有的向神灵祈祷,只有这位哲学家斜倚着船舷若无其事地轻声哼着乐曲。两个门生问他为什么如此镇定无畏?哲学家含笑指着船舱里一头正安安静静吃食物的猪说:"你看,它是多么平静,它何尝有半点恐惧?"门生不解地说道:"它可是畜生啊!"哲学家仍然微笑着说:"是啊!它是畜生。可是,此时此刻它的表现不是比我们所谓的人还要冷静得多吗?聪明的人起码应该做到像它这样临危不惧,面对风浪毫不动心才对啊!"门生就问他:"作为一个人,在如此纷扰的困境中,您怎么能这般处之泰然,对可能发生的灾难充耳不闻呢?"哲学家的回答显得莫测高深:"超凡与善良的本质永远能确保人们过上最平等的生活。"

这位对猪的镇静赞赏有加的哲学家,就是古希腊怀疑主义学派的创始人——皮浪。皮浪约于公元前360年出生于希腊的爱利斯城。他早年是个贫穷的画家,在爱利斯的体育场里至今还存有他画的接力赛运动员的画像。但很快他就放弃了。他意识到自己的艺术作品似乎并不为人所接受。后来他开始了哲学研究,跟随亚历山大去印度远征。在那里他接触到了印度哲学,比如耆那教、瑜伽学派、数论、佛教,似乎一下子豁然开朗。回到希腊以后，他提出了自己独特的怀疑论。

没有标准答案

在皮浪生活的时代，追求幸福与至善，渴望灵魂的宁静与恬适乃是晚期希腊哲学的一个显著特征，每个流派都视之为理智活动的终极目的和人类生存的最高境界。皮浪则选择了一条与众不同的道路：彻底放弃认识。

皮浪等怀疑论者们提出过10个著名的论证：

1. 对于同样的东西，不同的对象有不同的感觉。譬如，同样的葡萄藤，对于山羊来说美味可口，对于人类来说却苦涩难咽；鹌鹑在青松上活蹦乱跳，而人这样做却有生命危险。

2. 不同的人有不同的特性。亚历山大的管家在阴凉处感到暖和，而在阳光下却冻得发抖。

3. 对同一对象，不同的感官获得不同的印象。如一个苹果，用眼睛看是浅黄色的，用嘴尝是甜的，用鼻子闻却是香的。

4. 处于不同状态的人对同一对象的认识不同。如健康的人也许不认为身体很重要，而生病的人却认为没有什么比身体更重要。

5. 各地的各种风俗习惯、法律道德都是不同的。如波斯人觉得跟自己的女儿结婚十分自然，而希腊人却认为这极不合法；西里西亚人乐于做海盗，希腊人却不愿意做；不同的人信奉的神都不同。

6. 事物因为各种因素混合在一起而分不清楚。例如，一块在空气中要两个人才抬得起的岩石，在水中一个人就能搬动。这要么是因为岩石确实沉重，是水把它抬了起来；要么是岩石本身是轻的，而是空气增加了它的重量。

7. 依据不同的位置和距离，人们对同一对象的认识不同。从远处看，大的事物显得小，方的事物也显得圆。

8. 事物因适度与否而对人利害分殊。如适量饮酒可增强体质，而过度酗酒则伤害身体。

9. 因习惯与否而对同一事物看法不同。对经常碰到地震的人来说，罕见的地震也变得平淡无奇。

10. 事物的性质由于与对象的关系不同而不同。树相对于草来讲是大，但相对于山来讲却是小。

因此，皮浪宣扬我们不可能知道什么事物背后的真相，最多是明白事物显现给我们的样子，而每个人眼里显现的东西不可能一致，所以也就没什么标准答案，既然没什么标准答案，那就别铁板钉钉地宣称肯定啦、必然啦、绝对啦、不以人意志为转移什么的。他坚持认为比如有人要问你今天饭吃过没，你应该回答说："我可能吃过了。"据说有一次他掉进水沟里，他的一名弟子正好路过，但由于弟子不能确定沟里的是不是他的老师，就自己走开了，坚持怀疑论的皮浪仍旧留在了沟里。

冷漠的美德

显然，皮浪的怀疑论过分夸张了事物的相对性。要指出的是，皮浪并不是一个为怀疑而怀疑的怀疑论者。他对一切事物保持怀疑的态度，避免作出任何判断，目的就是为了实现"不动心"，不受干扰的理想生活。"不作判断"亦成为怀疑论的格言。在皮浪看来，对事物的冷漠感是智者的首要美德。为了培养这种美德，他和姐姐安宁地生活在一起，他做家务，拾掇猪圈，不注意任何事物，无论撞车、摔倒还是其他，皮浪从不让感官武断地判断什么。而皮浪的朋友总是紧跟着他，不离左右，随时把他从危险处境中救出。

有一个传说就讲到，一天，皮浪和他的老师阿那克萨尔科斯一起在一条泥泞的道路上散步。老师一个趔趄摔倒在泥塘里，这个学生为了忠实于自己的理论，即任何事都听之任之，不加判断，居然没有作出任何反应，拉都不拉一把，而是只管走他自己的路。阿那克萨尔科斯从泥塘里跌跌撞撞地爬起来后，却赶忙向学生表示祝贺。这一幕把路旁的农夫们看得一头雾水。

不过据说有那么一次，一向号称对任何事都无动于衷的皮浪也出了点纰漏。当一只恶狗扑向他时，他吓得爬到了一棵树上。有人嘲笑他说："那会儿你的理论跑到哪里去了？"皮浪辩解说："人的劣根性是很难完全铲除的。"

由于怀疑主义怀疑客观世界、客观真理的存在性与可知性，所以，人们往往把它作为一种错误的哲学理论进行批判。尽管有着这样那样的局限，但它揭示了现象的相对性和不确定性，指出了感性认识的局限，发现了认识本身所包含的矛盾，从而有利于破除人们对知识的盲目迷信和对求知的盲目自信，迫使哲学进行自我反省，促进了理论思维的提高和哲学思考的深入。

皮浪深受他的城邦人民的尊敬。他们推选他为祭祀长，并且由于他的缘故，他们投票赞成免征一切哲学家的税款。皮浪活到90岁才去世。诗人品脱形容他说，皮浪在坟墓里还说"我怀疑"。

爱享福的哲学家

> 金钱和其他身外之物一样无足轻重，人既不能受累于它们的存在，也不能受累于它们的不存在，当金钱成为享受快乐的必要条件时，要能很轻松地得到它，当金钱成为负担时，失去它也毫不吝惜。

在哲学史上，不仅有勇于追求真理的哲人、严于律己的哲人、摒弃物欲的哲人，同样也有讲求享乐的哲人。古希腊的阿里斯提波就是这样一个人。他的身上充满了市侩气息。

爱金钱，却不被金钱支配

阿里斯提波是苏格拉底的学生，他所开创的居勒尼学派信奉一种快乐主义。据说他很会赚钱，连苏格拉底也禁不住要问他，你从哪里弄来这么多钱？他不但破了老师苏格拉底的规矩，向求学者收费，而且为了追求物质享受，投靠了雅典的僭主狄奥尼修，每日游走宫廷，讨好达官显贵。由于他善于逢场作戏，见风使舵，无论什么场合、时间和人物都能应付得八面玲珑，因此深得狄奥尼修的欢心。他们之间有很多有趣的故事。

有一次，狄奥尼修想嘲弄一下阿里斯提波，就故意问他："为什么哲学家会去富人家里，而富人从不拜访哲学家呢？"阿里斯提波回答道："智者知道他需要什么，而富人不知道他需要什么。"

狄奥尼修问阿里斯提波："你为什么离开了苏格拉底投靠我？"阿里斯提波说："我需要智慧时，就去苏格拉底那里。现在我需要钱财，就来你这儿。你看，我是用自己有的东西换没有的东西。"

又有一次，阿里斯提波向狄奥尼修要钱，狄奥尼修拒绝了他："不，因为你告诉我，智慧之人从来不缺钱。"阿里斯提波说："给吧！给吧！然后再让我们来讨论智慧与金钱的问题。"当狄奥尼修把钱给了他之后，阿里斯提波说："现在你看到了，你没有发现我缺钱吧，是不是？"

这些轶事在学者们的眼中成了阿里斯提波贪图金钱的表现，然而实际上这些轶事应该与阿里斯提波的快乐主义联系起来理解。阿里斯提波创立了快乐主义哲学，主张一个人享受物质的同时要做到不被物质支配，即"我役物，而不役于物"。

阿里斯提波认为，金钱其实和其他身外之物一样无足轻重，人既不能受累于它们的存在，也不能受累于它们的不存在。当金钱成为享受快乐的必要条件时，要能很轻松地得到它，当金钱成为负担时，失去它也毫不吝惜。据说在一次旅行中，奴仆抱怨扛一大袋钱币太累，阿里斯提波就说："能带多少就带多少，把其他的都丢掉。"在一次航行中，阿里斯提波发现所乘的航船已被海盗控制，于是他掏出钱数了起来，然后故意装着不小心的样子任由钱袋落入水中。

出入豪门而不趋炎附势

有许多记载说阿里斯提波出入豪门，以谄媚王公贵族为生，生活奢侈。其实，做帝王师的念头在古代哲学家中可能并不罕见，柏拉图和亚里士多德都这样想，也这样做。所以从出入豪门并不能得出趋炎附势的结论，重要的是他内心有无认同。

据说他在赴狄奥尼修家作客时，狄奥尼修的管家向阿里斯提波展示自己豪华的住宅。阿里斯提波突然咳出一口黏痰，吐在管家的脸上，然后抱歉地说："这地方太高贵了，我觉着把痰吐在哪里都不好，还是吐在您的脸上更合适。"还有一次，阿里斯提波代一位朋友向狄奥尼修要钱，狄奥尼修斯拒绝了，阿里斯提波就跪在他脚下求他。有人嘲笑他的这种行为，阿里斯提波则说："该受责备的不是我而是狄奥尼修，谁让他的耳朵长到了脚上？"

在阿里斯提波看来，学习哲学的目的是为了在任何社会中都过得很舒适。的确，他做到了这一点。但是，即使是在当时，阿里斯提波的哲学和为人也受到了人们的讥讽。有一次，同样也是大哲学家的第欧根尼在洗菜的时候看到了阿里斯提波，就对他说："如果你学会了以这个为食的话，你就用不着拍国王马屁了。"阿里斯提波则反唇相讥："如果你知道怎样跟别人打交道的话，你就用不着洗菜了。"

阿里斯提波不仅讨好权贵，还喜欢狎妓。有一次狄奥尼修让阿里斯提波从3个妓女中挑选1个，他却全部都要了，还说："有人因为三挑一付出了昂贵代价，所以我全都要了。"可是，他和妓女们走到门廊时，又放她们走了。有人曾经当面指责阿里斯提波狎妓，他却理直气壮地反问道："怎么啦，住一间以前很多人住过的房子，和住一间从来没有人住过的房子，这两者有什么区别吗？"还有一次，有个年轻人和他一起去妓院，小伙子脸红了，阿里斯提波开导他说："危险的并不是走进来，而是走不出去。"

快乐才是最大的善

实际上，阿里斯提波种种奇异的行径都可以从他的快乐主义来把握。为了快乐，他几乎蔑视一切，从金钱到人格，从外表到尊严，一切都无所谓。只要能快活，为什么不可以穿上破衣烂衫？为什么不可以到富人那里索取？为什么不可以穷奢极侈？为什么不可以装疯卖傻？

据说有一次，僭主狄奥尼修在酒宴上多喝了几杯，命令在座的所有人都穿上裙子跳舞。当时柏拉图也在座，他拒绝了，说："我不会降低自己的人格，去穿女人的衣服。"而阿里斯提波则穿上裙子，并在舞蹈前准备好了机智的应答："在狂欢节上，屈尊并不被视为耻辱。"

阿里斯提波的居勒尼学派在理智主义的文化氛围中生活,但却不放弃对情感的追求,他们承认理智具有重要作用,但否定理智有权压抑情感,反对社会以理智之名羁绊个人自由。"快乐才是最大的善",痛苦就是恶,快乐不是见不得人的罪恶与丑陋,也不应当受到理智的抵制和压迫。

其实阿里斯提波是很高妙的,他的生存智慧别人难以企及,可以说简直是在"走钢丝",他却能应付自如。无论是得意还是落魄,无论是受到尊重还是受到污辱,他都始终恪守快乐的原则,与丧失人格与尊严无碍。只不过他的人格与尊严只属于自己,而不是摆给别人看的道貌岸然的假面孔,他谋求的快乐也只属于自己,他人和社会对他会有什么看法根本不属于他要思考的问题。而这种处世态度从根本上说也是对"板起面孔做人"的主流文化的一种直接挑战。

哲学家不是圣徒,更不是装模作样的卫道士,他们总是按照自己的哲学信念行事。你可以说阿里斯提波市侩得不像一个哲学家,可是在他看来,人不能回避对物欲的渴求,重要的是不能被自己的欲望所压倒。对几千年后的我们来说,既然不能从物欲横流的社会中遁去,若能清醒地把握住自己,不也是可贵的吗?

寻找自由的国王

> 人类通过智慧获取自由,看似充满自信,但却可望不可及,最终难逃命运的陷阱;人类为自己立法获取自由,可以实现,但却要付出惨痛的代价。追求自由看来注定是个悲剧。

自由是什么?这是一个人类追问了几千年的问题。哲学家黑格尔说,自由是趋利避害。当人们认识了客观世界的本来面目之后,依照其固有的规律去行事,从而游刃有余地生活,这就是自由。

另一个哲学家康德却说,不对,自由是舍生取义。当人们明知自己的行为在客观世界中会遭到阻力的时候,却又"知其不可而为之",成为自己给自己立下规矩的主人,这才是自由。

这两种自由能实现吗?一个古希腊戏剧中的著名国王用自己的悲剧身体力行地向我们展示了追求自由所要付出的代价。

斯芬克斯之谜

俄狄浦斯原是忒拜国王的儿子。出生时,神祇说:"这孩子长大以后会杀父娶母。"国王便让人把他扔到山沟里喂狼。谁知俄狄浦斯被牧羊人捡到,送给邻国国王收养。不知内情的俄狄浦斯长大后,也从神庙里得知了自己将杀父娶母的预言,害怕之下便逃离了自己的养父母,流浪到忒拜。路上他与一个老人发生冲突,错手将其打死。他万万没想到,这个老人正是他的生身父亲忒拜国王。

在通往忒拜城的路口,俄狄浦斯遇到了狮身人面妖。狮身人面妖出了一个谜语让他猜,猜不出来就把他吃掉,猜出来自己就跳崖自杀。谜语是这样的:"什么动物早晨用四条腿走路,中午用两条腿走路,晚上用三条腿走路?"俄狄浦斯回答说是"人"。狮身人面妖无奈,只好跳崖自杀。

因为替忒拜人除掉了吃人的祸害,进城之后俄狄浦斯当上了国王,并且娶了刚刚死去的国王留下的美丽王后。不用说,这位美丽的王后正是俄狄浦斯的生身母亲。不久,城邦发生了一场罕见的瘟疫,神谕告诉人们,这是因为有人犯了杀父娶母的罪行。俄狄浦斯才发现,自己正是那个给城邦带来厄运的罪犯。于是他刺瞎了双眼,自愿承受被放逐的惩罚。

从哲学的角度讲,俄狄浦斯的悲剧印证了法国启蒙思想家卢梭的一句话:"人生而自由却无往不在枷锁之中。"俄狄浦斯的悲剧就是"人"的悲剧。

认识你自己

狮身人面妖的谜语其实并不是一个简简单单的智力游戏。它向一个又一个人追问的谜语,谜底就是"人"。这其实是哲学中一个非常重要的命题——"人要认识你自己"。在俄狄浦斯之前，已经有无数人被狮身人面妖吃掉，因为他们猜不出谜底，不能"认识自己"。俄狄浦斯解开了斯芬克斯之谜，也就意味着他能勇敢地用自己的智慧认识自己，认识客观世界的规律。

俄狄浦斯显然相信自己的认识能力，相信依靠自己的理智能够摆脱命运的束缚。这就使他敢于违背神明的意志，背井离乡，逃避自己的悲剧。这时候，他追求的是本文开篇时提到的第一种自由，趋利避害、游刃有余地生活的自由。

然而，俄狄浦斯为了反抗命运的安排而来到忒拜，却在反抗的过程中恰恰实现了杀父娶母的厄运。他发挥人类的智慧，对自己的命运作出选择，到头来却变成了一个圈套，将自己扼杀在命运的死结里。这不仅仅是俄狄浦斯的悲剧，也是人类自由的悲剧。

黑格尔相信人类可以掌握客观世界的固有规律，从而获得自由。可是这条道路不仅艰难曲折，而且永无止境。人类知识的水平总是要受到历史条件的制约，而人类所要把握的知识却又是无穷无尽的。只要这二者之间存在差距，俄狄浦斯的悲剧就不可避免。所以即使在科学技术高度发达的今天，人类也常常在武器进步、生态环境破坏等许许多多方面受到"命运"的惩罚。

俄狄浦斯似乎是猜中狮身人面妖之谜的胜利者，可实际上他是一个失败者。他对于谜底这个"人"字并不理解。如果狮身人面妖再多问一句："人是什么？"恐怕俄狄浦斯也只能跳崖自杀了。不只他，古往今来无数大哲谁又能说得清"人"是什么呢？连自己都没有认识清楚，又如何通过掌握客观世界的规律趋利避害、获得自由呢？

人为自己立规矩

当俄狄浦斯发现自己被命运捉弄了之后，他追求第一种自由的努力宣告失败了。可是他接下来的举动却使自己获得了第二种自由——成为自己的主人。

在一般人看来，俄狄浦斯是无辜的。他不仅不是有意去犯下杀父娶母的乱伦罪孽，甚至可以说是在竭力避免犯罪的努力中犯了罪。作为国王的俄狄浦斯,不仅有理由而且有权力赦免自己的罪行。但是俄狄浦斯却没有这样做。因为在他看来,人的伦理纲常是人为自身确立的法则。这种法则的确立充分显示了人的尊严。

在这个世界上,一切生灵,如鸡、狗、牛、马,都是在自然和神灵的支配下凭本性行事。只有人类不同,他们不仅有资格并且有能力来为自己的行为立下规则。这种行为本身就意味着人是自己的主人,人是自由的。

既然人是自由的,他就必须为自己的行为负责;如果他不敢为自己的行为负责,就无异于否认自己是自由的。于是,在自由与逃避之间,俄狄浦斯选择了自由。他勇敢地自毁双目,自我放逐,舍生取义,获得了康德所说的那种自由。

人类通过智慧获取自由,看似充满自信,但却可望而不可即,最终难逃命运的陷阱;人类为自己立法获取自由可以实现,但却要付出惨痛的代价。追求自由看来注定是个悲剧。

当智慧不是给我们带来幸福,而是给我们增添苦恼的时候,智慧就成为一种不堪负载的重担;当自由不是为我们带来方便,而是要我们付出代价的时候,自由就变成了一种难以忍受的枷锁。于是,我们又回到了卢梭的那句话——"人生而自由却无往不在枷锁之中"。这似乎是人的不幸,但同时也是人的万幸。如果自由不以枷锁为条件,人类的伟大又从何而来呢?

骆驼、狮子和婴儿

> 芸芸众生,庸庸碌碌,这其中有多少人如同骆驼般疲惫却浑然不知,又有多少人如狮子般狂怒,想挣脱命运却茫然不知方向,达到"婴儿"境界的恐怕寥寥无几。

自从人类文明出现在这个星球上,他们中间那些被称为哲学家的人便不停地思考着一个问题：人的本质是什么。他从哪里来？要到哪里去？19世纪下半叶的德国哲学家尼采给出了一个颇费思量的回答：人的本质就是自我超越。

人不过是一座桥梁，一边是动物，一边是一个更新更高的物种——超人。人的生命应该是从动物这边走向超人那边。在这个历程中，人的精神将会经历三种变形，尼采将这三种变形分别比喻为骆驼、狮子和婴儿。

重负下的骆驼

骆驼代表人生中的第一个阶段——成长。

黑龙江大学的孙芳解释说：人们总是用人生中最宝贵的时期来继承前人的智慧成果。这是个痛苦的过程，积淀的文明既是启蒙的光明，又是沉重的历史负担。它抬高了人类生活的起点，也规定了继续前行的方向；它的伟大功绩给我们自信，也映衬出我们的渺小；我们迷恋它的高度，也渴望突破它的限定。我们继承的东西越来越多，背负的越来越久，它逐渐变成了权威，变成了金科玉律。我们在崇拜中慢慢迷失了方向，淹没在前人的智慧里，于是我们成了负重的骆驼，走进了精神的荒漠。

可悲的是，这一阶段的人们背负的还不仅仅是这些。个体的发展与社会的进步并进的同时，社会也逐渐成为异己的力量统治着人。如同工厂批量生产零件，社会也在用规范化的外在尺度要求批量生产相同品质和个性的人。科学和理性倡导绝对、规范、确定和统一；道德不容置疑地要求人遵守秩序，服从社会；宗教教会人如何屈从、忍让和牺牲，以个体的退让求得矛盾的解决，加重了对个体价值的侵犯和蔑视。重重压力迫使人在强势的外在必然性面前妥协屈服，个体存在的意义和价值被淹没了。

负重的骆驼代表着成长的痛苦体验。外在异化力量的统治和重压之下，负重的骆驼深切地感受到自我的存在被忽视了，生命经常体验着孤独、无奈、焦虑、忧郁、苦闷、无助的痛苦，面对这一切，有三种不同的态度：

一是让步，通过服从、迷信、接受、妥协、崇拜等方式转身向外以寻求解脱；

二是逃避，通过放弃、取消、搁置、忽略、转移、倒退等方式回避现实；

三是承受，通过坚持、抗争、拼搏乃至牺牲实现突破和创造，发挥出生命的本能，从而战胜压力，征服外在世界，获得自我的解放，赢得自由和尊严，实现自我超越和自我肯定。

不言而喻，尼采哲学倡导的正是第三种勇敢承受的积极有为的人生态度和生活激情，尊重生命，肯定自我，张扬个性，以自我价值为标准，确立生命的意义。在这样的前提下，人才能有狮子的勇气，以顽强的生命意志在毁灭旧世界的过程中创造新世界。

毁灭的狮子

骆驼不能批判和创造，只能承载。于是，在最寂寞的沙漠中，精神变形为"狮子"。骆驼与狮子的差别在于：骆驼必须听从他人的指导，接受他人的命令。所听到的是别人说你应该如何！而狮子则是自己作决定、对自己负责，说的是："我要如何！"

每个人都要经过骆驼的阶段，听从别人的教训，告诉我们应该怎么做，我们无法反驳也无法反抗。进入狮子阶段后我们自己来告诉自己该怎么做。但是有谁真的知道自己要什么？怎么做才对自己有意义？这就是另一个新的问题。换句话说，骆驼虽然看起来很可怜，但是至少不用自己作决定，只要服从别人的指令就行了；相反，如果要成为狮子，就要承担自我，为自己负责。这一点的压力很大，因为当我们能够自由选择想要做的事时，同时也就丧失了寻找借口和抱怨的权利。

社会是对个人进行束缚和统治的强势力量，"你应该"、"你必须"、"你要"充斥着整个世界，就像是横在狮子前进路上的一条巨龙。个人或是被欺骗和蒙蔽，或是挣扎抗争，或是无奈地屈从。尼采清醒地认识到了这一切，并且号召人们像狮子一样，以无畏的勇气与之抗争，向历史和传统挑战，摧毁旧的价值体系，建立以对自我的承认、关注和尊重为基础的新的价值观，重新赢得独立的尊严，然后才能成为自己，真正书写我们今天的历史。

狮子与巨龙的搏斗表现了个体与群体的分裂和冲突，表现了自我意识对历史的批判、审视、消化和吸收，表现了人类内心自我意识觉醒时所面临的分裂与煎熬。这就是狮子，一种否定精神，代表狂怒和毁灭。

狮子的勇气和力量是毁灭一个旧世界所必需的，可是它尚缺乏一种更高级的能力——创造。狮子战胜了巨龙，赢得了胜利，它的使命就完成了。但是一切才刚刚开始，在旧的价值体系的废墟上，我们要建设一个新世界。于是，狮子变成了婴儿。

真正自由的婴儿

创造新价值获得真正自由的是"婴儿"。婴儿意味着"完美的开始"，提供了所有的可能性。当一个人抵达婴儿阶段后，就不会再遭遇到前面所说的种种问题，代表心灵重新回归原点，可以重新再出发。当一个人还是婴儿的时候，父母一定怀着无穷的想象，想象他将来可能成为科学家、工程师、医师等。每天看着他，也就给父母的人生带来了色彩绚丽的希望。当然，婴儿成长的过程往往也是父母希望幻灭的过程，长大的孩子令父母失望，就像父母曾经让他们的父母失望一样，人生就是这样一种不断重复的过程。

当一个人的心灵重新回归到婴儿般的原点，他可以看淡并抛弃一切的世俗困扰，而将心灵回复为最初的那张完美白纸！婴儿对个体差异的充分尊重，也就是对自我价值的充分认可。他标志着自由自主、自立自信、自我肯定、自我设计、自我超越。人在自我肯定和自我超越的双重意义上实现了自我的生成。这种生成既表现为个人的精神成长过程，也体现了人类思想的发展过程。

婴儿是纯真的新生，是对生命的再度肯定，是大自然至美至善的表现；小孩也是一种境界，一种"自由境界"。尼采通过"小孩"这一隐喻将"超人"和"自由"的至境融为一体而达到了善恶彼岸道德的最高价值理想，即在自我肯定和自我超越的双重定义上成为了自己!

"精神三变"是尼采思想发展的过程,它象征着对传统价值的承担与认识,而后提出批判,扫除废墟,创造新价值,最后便进入"超人"的理想境界。当人生处在残酷的现实之中时,就像骆驼一样背负着沉重而复杂的精神枷锁,不知希望何在,出路何在,茫然,苦闷,彷徨。当人生处于生命悲剧性的体验中时,生命向一切迷茫与痛苦做一次次的殊死决战,精神的重负不知甩到了哪里,就如同狮子一样,目空一切。当体验了生存的悲剧性后,人生欣然接受了命运,心渐渐平静,开始坦然宁静地注视一切,婴儿永远是乐天而幸福的,纯真的笑容喜悦而美好。

芸芸众生,庸庸碌碌,这其中有多少人如同骆驼般疲惫却浑然不知?又有多少人如狮子般狂怒,挣脱命运却仍茫然不知方向?达到"婴儿"境界的恐怕寥寥无几。无论如何,尼采为人们追寻自我的价值指明了一条道路,为人的精神历程勾画出一幅艰难跋涉的地图。

不愿下船的钢琴师

> 生存于复杂的世界,就会有复杂的选择。我们该怎样把握自己生活的这艘大船,怎样在上帝的钢琴上演奏,怎样选择一条路、一幢屋子、一个女人呢……

海上钢琴师

20世纪的初曙,1900年元月的第一天,远洋客轮"弗吉尼亚号"的黑人锅炉工收养了一个被遗弃在钢琴架上的弃婴,给其取名叫做1900。于是,我们便有了一个天才钢琴师的传说。

1900随这艘客轮不停地往返于欧洲和美洲之间。他生来便具有非凡的音乐天赋，无师自通地弹起钢琴，成为这艘船上的钢琴师。他看着一批批的人上了船，一群群的人下了船。当客轮在海面上摇摇晃晃，人们呕吐的七荤八素时，1900却如海上的精灵一般，借助着船体的摇摆弹奏着优雅的华尔兹在光滑的地板上旋转。高雅的华尔兹配合着海浪的波涛，衣冠楚楚的1900就像是在进行一场约会，与大海的约会。

他可以凭观察辨出客人不同的身份：谋杀亲夫的老女人、沉湎于往事的中年人、看破红尘的妓女、偷穿礼服期待艳遇的三等舱乘客……并即兴为其谱曲，与其人的言行举止、心理活动配合得天衣无缝；他可以将10种爵士乐合为一体演奏，引得爵士乐祖师杰利上船来和他"钢琴决斗"，场面比看西部片里快枪手的拔枪决斗还过瘾。

当船靠岸后，乘客们纷纷上了岸，就像抛下曾经的脚步那样，忘记了这位海上钢琴师。1900只有透过圆圆的舱窗久久地凝望无声的大海，咀嚼那热闹后的冷落。因为他天然地对红尘俗世深怀戒意，从不敢离船上岸去。

名利和爱情也曾经向他招手。急于利用他的音乐发财的唱片公司将录音棚搬到船上，灌制他的演奏，他的琴声即将变成商品，进入陆地上的千家万户。突然，他觉得有什么地方不对劲，便将唱片掰断，扔进垃圾篓。

他遇到过倾心的姑娘。姑娘对他说，你上岸来找我吧。他终于决定到岸上去。他将自己打扮得非常体面，甚至向同伴要了一顶礼帽，在和船上的每一个人告别之后，他踏上了通往陆地的天桥。一步，两步，三步……时间突然在这个时候静止，他又退了回来，永远地留在了船上。这是他一生中离陆地最近的一次。

后来，弗吉尼亚号在航行中被撞破了，没有利用价值的轮船将被炸掉。不管好朋友如何劝说，仍躲在废弃的船上的1900始终没有走下来。在生命的最后时刻，他的双手仍在空中弹奏着（钢琴已被搬走）。随着一声巨大的响声，弗吉尼亚号在一瞬间灰飞烟灭，1900也像消失的音符一样奔向上帝的天堂。

荒谬的 20 世纪

这是意大利电影《海上钢琴师》讲述的一个亦真亦幻的故事。每一个看过这个电影的人都为 1900 的人生所打动，同时也在思考着一个问题，1900 为什么宁愿一生待在轮船上，不肯踏上陆地一步？有人说，因为 1900 早已参透了陆地世界的荒谬。

1900 最大的快乐就是看着到美洲淘金的旅人在自己的琴声之中忘却艰辛，如痴如醉。可是当自由女神雕像隐约出现时，他的听众发出的尖叫就会淹没他的琴声。20 世纪初，各行各业的冒险者和为了更好生活的人们不知疲倦地追寻着、探索着，怀着卑微或雄心勃勃的希望和幻想，背井离乡来追逐"美国梦"。

众生总是看不见自己眼前的所有，却宁愿舍弃一生去忙碌奔波，追逐着他们自己其实也看不见的那些幻想，他们盲目地寻找，换来的或许是居无定所，经历悲欢离合，最终生老病死。正如米兰·昆德拉在《生活在别处》中刻画的人物，总是想象自己在别处生活，追求别人的追求，一味地"在别处"，而失去了真正属于自己的东西。

1900 却紧紧地捉住了他看得见的幸福，一条船，一架琴，兴之所至地弹奏，固守着他的音乐，也固守着自己心灵的自由和纯洁。他说："为什么，为什么。陆地上的人喜欢寻根问底，虚度了许多光阴。冬天忧虑夏天晚来，夏天担心冬天将至。所以你们不停地到处走，追求一个遥不可及的、四季如夏的地方。对此，我并不羡慕。"

船上没有政治、没有经济、没有浓烟、没有战争……只有美酒、佳人和悦耳的音乐。人们在这里翩翩起舞，似乎与世隔绝，忘却了烦恼。可是，船到岸人们便又投奔到厮杀战场当中，何等残酷与无奈。1900 则比陆地上的人们有着更大的智慧，他懂得如何把握住自己眼前所有的幸福，正因为如此他才会对陆地拒绝得如此彻底，守护着世俗的人们早已失落的那些如孩童般的纯真。

1900 不愿意下船是不愿在文明中迷失自己的自然本性。就像人猿泰山不愿回到文明、愿意生活在森林中一样。正因为如此，当他从唱片机里听到自己的音乐时，他惶恐而愤怒地砸掉了那机器。那愤怒的瞬间更像是存在主义哲学家们对人类自身孤独和焦虑的呐喊，也代表着人类最初面对工业社会浪潮的惶恐、不安和反抗。如果可以被复制，我就不再是唯一的我，也就失去了存在的意义。

琴键有限，世界无限

《海上钢琴师》还向我们透露了如何在有限的生命中把握我们自己能看得见的梦想，在有限的时空中让自我的梦想和心灵获取完全的自由。

在影片结尾，1900对劝自己下船的小号手解释自己为什么不下船："城市那么大，看不到尽头。在哪里？我能看到吗？就连街道都已经数不清了，找一个女人，盖一间房子，买一块地，开辟一道风景，然后一起走向死路。太多的选择，太复杂的判断，难道你不怕精神崩溃吗？陆地太大了，它像一艘大船，一个女人，一条长长的航线，我宁可舍弃自己的生命，也不愿意在一个找不到尽头的世界生活，反正这个世界现在没人知道我。我之所以走到一半停下来，不是因为我所能见，而是我所不见……"

陆地，有无限个选择，选择之下又有无数个子选择，每个选择都通向一条未知的道路，从而走向截然不同的人生。这是1900惧怕的。太多的选择让他无所适从，在那样的地方，他没有梦，只是恐惧，迷茫和孤独。他只可能在那个无限的陆地世界中过着有限的生活，在有限的生活中一步步走向穷途末路。

他说，在船上，可以从船头看到船尾，可以看到天边的地平线，在可以看得到的地方，他很满足。他不是没有梦想，虽然一次只能见到2 000人，但这是他的世界，属于他。弗吉尼亚号轮船的空间是有限的，1900的生命也是有限的，但有限的客轮却可以承载无限的人生，有限的生命也可以在无限的音乐中延续。

"拿钢琴来说，键盘有始，也有终，有88个键，错不了，并不是无限的，但音乐是无限的，在琴键上奏出无限的音乐，我喜欢，也应付得来。（然而）走过跳板，前面的琴键，有无数的琴键，事实如此，无穷无尽，键盘无限大。（这样）无限大的键盘，怎么奏得出音乐？"

《卧虎藏龙》里李慕白有一句禅语："把手握紧,里面什么都没有;把手松开,你拥有一切。"其中意境和1900的"不上岸哲学"异曲同工。

1900的生命本身就是一个寓言:人,生存于复杂的世界,就会有复杂的选择。对于我们这些生于陆地的人来说,该怎样把握自己生活的这艘大船,怎样在上帝的钢琴上演奏,怎样选择一条路、一幢屋子、一个女人呢?迷失自己、随波逐流、沉溺物欲、患得患失?和1900相比,他的单纯完美的世界不值得我们向往吗?

我"选择",我"存在"?

> 世界是荒诞的,人生没有什么本质可言,但是人生的意义在于通过自由选择来确定自己的本质,人的存在也就是一系列自由选择的总和。

人的本质是什么?这个问题自古以来一直困扰着勤于哲思的人们。无数思想家给出了自己的答案:中世纪的神学家认为人是上帝的创造物,人的本质就是神的意志的体现;亚里士多德认为人是理性的体现;莎士比亚认为人的本质是"人性";黑格尔认为人要服从于"绝对理念"。

然而到了20世纪,一位名叫萨特的法国哲学家却将这一切都斥为荒谬。他认为,因为人之初空无所有,后来人才按照自己的意志造成自身,也就是说首先有人的存在,然后才能给自己下定义。如果你还不了解个体的人的行为和意志是什么,哪里有资格谈人的本质?

萨特的哲学思想因此被称为"存在主义"。在存在主义看来,世界是荒诞的,人生从来没有什么本质可言,但是人生的意义在于通过自由选择来确定自己的本质,人的存在也就是一系列自由选择的总和。人的命运取决于人们自己的抉择,人的存在价值有待自己去设计和创造;选择的自由是人的基本权利;无论处境多么恶劣,人毕竟可以按自己的意志决定行为走向,并对自己的行为负责。萨特的这种思想在他创作的一系列文学作品中都有所流露。

一部哲学家创作的话剧

话剧《恭顺的妓女》是萨特在 1946 年创作的,描述的是发生在美国的一起种族歧视方面的冤案,上演之初引起了广泛的争议。

在故事中,两个白人青年向两个黑人挑衅,其中一个黑人被杀死,而另一个黑人则逃走了。妓女丽瑟是整个事件的见证人。当这起凶杀案进入法律程序的时候,地位显赫的白人家族决定颠倒黑白,为自己的家族成员开脱罪行,把这件事说成是那两个黑人企图强奸丽瑟,而白人青年见义勇为,失手杀人。

在目睹了白人青年枪杀黑人的血案后,丽瑟离开纽约,来到南方的一个小城市。在这里,受到诬陷和追捕的黑人乞求丽瑟证明他无罪,原本不愿意招惹是非的丽瑟最后答应为他作证。

年轻英俊的阔少弗莱特,也就是杀人凶手汤麦斯的弟弟随后出现,他奉父亲之命前来引诱丽瑟作伪证,如果丽瑟同意,就答应付给她 500 块钱。丽瑟觉得自己有义务保护那个可怜的黑人,坚持要说出事实的真相,当意识到弗莱特对自己大献殷勤原来只是为了这笔丑恶的交易,丽瑟更是感到灵魂受到了欺骗和侮辱。

弗莱特见利诱不成,又叫来警察,强迫丽瑟在证词上签字,否则就以卖淫的罪名把她抓起来,监禁 18 个月。丽瑟不畏强暴,坚决抗争,态度坚定地表示:"我宁愿坐牢,也不撒谎。"

丽瑟拒绝了弗莱特的无耻要求,斥责了为虎作伥的警察,但是在现实中,她仍然无法实现自己的选择,因为老谋深算的参议员出现了。参议员进门就勒令弗莱特停止逼迫丽瑟,十分大度地表示要充分尊重丽瑟的人格和自由选择。然后他搬出了杀人犯的母亲,"可怜的玛丽",沉痛地告诉丽瑟,这是一位高贵、善良、富有的夫人,如果丽瑟能够把她的儿子还给她,这位美国母亲也会亲切地将丽瑟作为自己的孩子来看待。

善良软弱的丽瑟终于被感动了，糊里糊涂地成了老辣无比的参议员的猎物，丧失了自己的自由，在假证词上签了字。当丽瑟从精神恍惚中惊醒过来，一切为时已晚，杀人犯被释放回家，而那个可怜的黑人则不得不在合法的追捕下逃亡。

弗莱特再次出现在丽瑟面前，丽瑟拿手枪对着他。可是弗莱特抓住了丽瑟的要害，一面吹嘘自己将来会代表家族接替参议员的位置，一面又许诺将丽瑟供养在漂亮的花园豪宅里，有花不完的金钱，每周他还要来看望她三次。在这番强势的引诱下，丽瑟倒入了弗莱特的怀抱中。

没有"自由选择"，就没有"存在"

当我们观看《恭顺的妓女》这部话剧的时候，可以认为它表达了对黑人处境的同情，抨击了罪恶的种族歧视和金钱关系，等等。但是如果只限于此的话，那远远没有抓住萨特的深意。真正使《恭顺的妓女》这部剧作具有永恒意义的，是它通过描述善良、软弱的丽瑟想作证却又无法作证的过程，表达出一个人进行选择时的那种执著、焦虑和面临的困难。个体存在与否，才是萨特真正关注的。

萨特认为人在选择自己的行动时是绝对自由的，无论面对什么环境，无论想采取什么行动、怎样采取行动，都可以"自由选择"。人的思想和行动都不应受到除自己以外的上帝或其他权威的制约，人应当完全可以拒绝、抵制外部强力对自己的压抑而按照自己的意愿去思想和行动，求得自己的自由，选择自己的前途。但是只有符合人道主义精神的"自由选择"才能够实现一个人的"存在"。

有许多人在行动时总爱受别人的意志所左右，不能按个人的意志作出"自由选择"，这就等于去掉了自己的个性，失去了"自我"。这种人，就不算是真正的存在，或者说他没有真正的存在。

按照这个说法，妓女丽瑟显然失去了存在的意义。她是一个被迫卷入刑事案件旋涡中的弱者。同时她也面对着各种"自由选择"的可能以及内心深处"自我"和"非自我"的激烈冲突。

在丽瑟心中，本来有一个美丽健康的自我形象，她热爱生命，喜欢生活情趣，性格开朗明快，渴望金钱物质享受，渴望权势和男人的关爱；这个自我能够主持正义、公平，具有社会良知，富于同情心，疾恶如仇。

但是"非自我"的东西也时时刻刻向魔鬼一样纠缠着她，随时准备抢占自我的地盘。"非自我"是恶意的麻烦的侵蚀，是迫不得已的人格扭曲，严重阻挠着正常的"自由选择"。

丽瑟的自主意识不仅是软弱无力的，同时也是自相矛盾的，这是导致她失去最宝贵的选择自由的重要原因。比如在追求金钱和维护良知、正义，满足同情心方面，在物质享乐和情感关爱方面往往无法统一，甚至还发生激烈的冲突。在无奈、尴尬和被胁迫的情形下，本来健康的人格就会发生严重的分裂。这固然是辛酸的无奈，但更是荒唐的真实。

丽瑟的无奈同样发生在我们绝大多数人身上。在"自由选择"的路途上，我们遭遇无数的疑惑和尴尬，谁又能真正地把握住自己的内心，顶住外在的种种压力，作出真实的"自由选择"呢？当我们在成长和衰老的过程中逐步丢失自我、丧失理想的时候，我们还是否"存在"？这是一个问题。

他人就是地狱？

> 当你面临各种排斥、伤害时，他人的确就是你的地狱；当你不顾周围的一切强行按自己的意志行事时，你也可以成为他人的地狱。

地狱什么样？

地狱什么样？各种各样的宗教神话都对地狱有过富于想象力的渲

染，都是些刀山火海、鬼哭狼嚎的场景。然而，伟大的存在主义哲学家萨特于1943年创作的荒诞戏剧《禁闭》，却描写了一个真正让人不堪忍受的精神地狱。

这部戏剧的主角是三个生前曾经犯罪的幽灵。

加尔散是一个报社男编辑，非常怯懦又极端自私。他公然把一个混血女人留住在家里，听任妻子默默忍受这一切。反法西斯战争爆发后，加尔散成了一名可耻的逃兵。后来，他偷偷搭火车逃往墨西哥，在边境上被逮捕枪毙了。

伊内斯是一个喜欢挑拨离间的邮局女职员，同时也是一名同性恋。她生前住在表哥家里，在表哥和表嫂之间极尽挑拨之能事，自己却又爱上了表嫂。最后，伊内斯把表嫂勾引到手，使表嫂抛弃了表哥。在沉重的打击之下，表哥不慎被有轨电车轧死。而表嫂也因为对伊内斯过度痴情，不顾一切地打开煤气阀门，与伊内斯同归于尽。

艾丝黛尔生前是一个孤儿，家境贫穷，为了生存的需要，嫁给了父亲的一个善良、富有的老朋友。可是后来她又与另一个男人偷情，还为他生下了一个孩子，最后不得不跟他一起私奔到瑞士。但这个男人很穷，他们一路过着颠沛流离的贫穷生活。艾丝黛尔把对贫穷的怨恨发泄到孩子身上，竟然在襁褓中塞上石头，把孩子从阳台扔进湖中。深爱着孩子的情夫绝望之中开枪自杀了，而艾丝黛尔却像没事儿似的回到巴黎，一直生活到病死。

离开人世之后，三个幽灵来到了萨特笔下的地狱，其实这只是一间法国第二帝国时代的客厅，但没有窗户和通往外面的出口。这里没有牛鬼蛇神，没有刀山和油锅，也没有凶神恶煞的监狱看守和送饭的人。罪人在这里完全是自己管理自己，自己伺候自己。

这是一个严密封闭的地方，与外界的人不可能有任何交流，室内闷热得像烤炉，刺眼的灯光永远亮着，让你分不清此刻是白天还是黑夜。关在这里的人永不睡觉，毫无倦意，永远睁着眼。可是他们又不需要干任何事情，包括刷牙、洗脸、照镜子。

地狱就这么简单？与我们熟知的地狱相比，萨特的地狱让人觉得很乏味甚至失望。可是被禁闭在这里的三个幽灵却各自为别人制造了一个精神地狱，同时自己也在这个精神地狱中煎熬，痛苦不堪，永世不得安宁。在这间封闭的客厅里，他们无法改变生前的本性，相处在一起便只能开始新一轮欲望的角逐和利益的攫取，互相视别人为猎物和敌人。

喜欢偷情的艾丝黛尔把加尔散当做自己情欲的新目标，不顾一切地想把他变成自己的新情人。伊内斯不改同性恋的习性，又把艾丝黛尔当做自己追求的对象，竭力想阻止艾丝黛尔与加尔散的恋情。而加尔散对艾丝黛尔无动于衷，他觉得伊内斯还算清醒，希望她承认自己并不是一个胆小鬼。

可是三个人谁也无法达到自己的目的。只要有伊内斯在，艾丝黛尔根本无法正常地爱上加尔散。而伊内斯甜言蜜语地向艾丝黛尔求欢，也被只对男人感兴趣的艾丝黛尔嗤之以鼻。加尔散尽管非常在乎伊内斯对自己的看法，却始终只能得到一个"胆小鬼"的回答。

这种奇怪绝妙的感情怪圈煎熬着三个鬼魂，使他们永远得不到安宁。他们就像是儿童游乐园里的旋转木马，互相追逐着，但是却永远碰不到一起。他们一边互相追逐着，又一边互相伤害着，想要的东西永远得不到，不想要的苦难却无止无休。不堪忍受的加尔散大声呼喊：

"我宁可遍体鳞伤，宁可被鞭子抽，被硫酸浇，也不愿使脑袋受折磨。……地狱原来是这个样。我从来都没想到……提起地狱，你们便会想到硫黄、火刑、烤架……啊，真是莫大的玩笑！何必用烤架呢，他人就是地狱。"

谁是谁的地狱？

"他人就是地狱"是存在主义哲学家萨特的名言。这句话听起来惊世骇俗，萨特却自有一番说法。萨特指出，人在面对世界时是孤独的，然而，人怎样才能实现自己的自由和个性的发展呢？在萨特看来，必须保持个人的独立性，并且在思想和行动上能获得真正的自由。也就是说，人愈孤立，愈突出个性，就愈自由。相反，如果个人沉浸在"他人"和"社会"之中，就会失去个性，失去自己，也就失去了自由。因为个人与他人、社会的关系是一种对立、否定的关系。他人会把我当成一个客体，从而使我失去了主体性，也就失去了自由。

在萨特那里，他人的目光是极其可怕的，它在双重意义上把"我"根本改变了。

一方面，他人的目光把我僵化为对象、客体。对于我自己来说，我就是自由，我具有改变和重演的无限能力；但对他人来说，我只能是今天甚至昨天的那副样子，我是一个固定的人物，具有永远不变的属性，具有各种美德和恶习，总之是一个已定的命运。这样，在他人的目光下，我的自由消失了，我好像成了主人面前的奴隶，只不过是一个观察的"对象"而已。

另一方面，按照萨特的看法，他人的目光还会迫使我或多或少地按照他们的看法来判定自己。当我撅着屁股从锁孔窥视房间里的秘密并被另一个人发现时，我从他的脸上发现了鄙夷的神情，他把我当做小偷、无赖或者下流的人。尽管我可以为自己辩护：我是一个大作家，曾经享有盛誉，我之所以看看屋内，不过是出于好奇等。但在内心深处，我不能不为自己遗憾，承认自己做了某种不光彩的事。正是在他人的目光下，按他人的要求，为了他人，我跌进了"不诚实"之中。人们每日每时都在扮演自欺欺人的把戏。饭店里的侍者，在顾客面前和颜悦色、动作伶俐、小心翼翼、殷勤备至，不过是希望顾客得到这样一个印象，而且他自己也或多或少地相信：我确实是一个侍者。其他的人，售货员、裁缝、医生、教师等，也无一不在玩弄这套把戏。这是一种谁也无法逃脱的厄运。

《禁闭》这部戏剧是按照萨特的存在主义哲学发展和演绎的，是一个极端化的人类生存寓言。它并非与真实的生活相对应，但是它与现实中人际关系的思索却是息息相关。在无数多灾多难的心灵发展史中，无论是爱还是恨，人们确实是一方面互相需要，一方面又互相排斥，一方面互相热爱，另一方面又互相伤害。

当你面临各种排斥、伤害、压抑的时候，他人的确就是你的地狱；当你不顾周围的一切强行按照自己的意志行事的时候，你也可以

成为他人的地狱。

走出人和人的地狱

据说有一次,一位衣着华丽的夫人问道:"萨特先生,依你看,他人就是地狱喽?"萨特作了肯定的回答。于是她就眉开眼笑地说:"那么,我自己就是天堂了!"听到这种理解,萨特真是哭笑不得。

其实,这些人都误解了萨特的原意。在"他人就是地狱"这句惊世骇俗的名言中包含有三层意思:

第一,如果你和他人的关系发生了恶化,他人就会成为你的地狱,就是说,倘若自己是恶化和败坏与他人关系的原因,那么自己就得承担遭受地狱之苦的责任。他人是我们认识自己的重要因素。我们只有尊重他人,才能受到他人对我们的尊重;如果我们扭曲了与他人的关系,我们也必须承担一份关系被扭曲的痛苦。

三个鬼魂都是败坏与他人关系的罪魁祸首,他们生前都给他人造成过痛苦:加尔散把情妇带回家里,当面侮辱和伤害了忠实的妻子,而在大家都主张抗战的时候采取对战争袖手旁观的态度;伊内斯从表哥身边夺走了表嫂,造成表哥被电车轧死的惨祸,毁了一个家庭和两条性命;艾丝黛尔搞婚外恋,又把孩子扔进湖里,气得情夫开枪自杀。他们生前给他人造成的痛苦就是他们在地狱里的根源。

第二,如果你太依赖他人对你的判断,那么他人的判断也是你的地狱。加尔散就是这种人。他从不内查自省,不在自己身上找原因。他耿耿于怀的,总是在想别人会给自己作怎样的结论。死后,他仍想争取艾丝黛尔相信自己不是胆小鬼,但是艾丝黛尔对此并无兴趣。他失望后又去找伊内斯,而肯动脑筋的伊内斯则认为他的确就是个胆小鬼,从而使他更为痛苦。

第三,如果你不能正确认识自己,那么自己也是自己的地狱。艾丝黛尔不动脑子,不愿思考,只追求动物一般的直感享乐,不能严肃对待自己,不去改变自己的思想和行为,所以她走上了犯罪道路,落入了自己的地狱。伊内斯有思考能力,却被同性恋的情欲引入歧途,明明知道自己很坏,还要一意孤行,从而步入作恶的深渊。她从不能正确对待自己开始，以与别人共同毁灭告终，也落入自己为自己制造的精神地狱之中。加尔散既不能在事前正确选择，又不敢在事后面对事实，为自己的行为负责，还要将自我判断强加于人，并以此判断为标准来确定自己的价值，所以也陷入了自我设置的陷阱中不能自拔，成为一个虽生犹死的活死人。与其说是他人给自己造成痛苦，还不如说是自己给自己造成痛苦，这也是一种精神地狱。

萨特发现自己的"地狱"名言被人误解之后造成了严重的后果，在《禁闭》面世20多年之后，又站出来重新阐明、修正了自己的观点。

他说，要是一个人和他人的关系恶化了，弄糟了，那么他人就是地狱。世界上的确有相当多的人们生活在地狱中，因为他们太依赖别人的判断了。但是，这并不是说和别人就不可能存在另一种关系。许多人因循守旧，拘泥于习俗和旁人的评价，虽然感到不能忍受，却又不努力改变这种情况。这种人虽生犹死。

他表示，写作这部戏剧的用意是为了说明我们争取自由是多么重要，为此改变自己的行为是多么重要。不管我们所生活的地狱是如何地禁锢着我们，我们都有权砸碎它。

人生是荒谬的"等待"？

> 一旦失去幻想与光明，人就会觉得自己是陌路人，是无所依托的流放者，因为他被剥夺了对失去的家乡的记忆，而且丧失了对未来世界的希望。

在大仲马的名著《基度山伯爵》的结尾，复仇成功、扬帆远去的男主角说了一句名言："在上帝揭露人的未来以前，人类的一切智慧是包含在两个词里面的：等待和希望。"

19世纪的读者们轻易地对这种洋溢着乐观主义情绪的格言产生共鸣，对他们而言，等待就是或长或短的一个实现希望的过程。而那时候的文学作品也常常以"从此过上了幸福快乐的生活"作为结尾，满足人们的这种愿望。

然而到了20世纪，人们变得不那么乐观，对"等待"的看法也似乎发生了改变：希望一定能够实现吗？等待一定有结果吗？存在主义哲学家阿尔贝·加缪说："一旦世界失去幻想与光明，人就会觉得自己是陌路人。他就成为无所依托的流放者，因为他被剥夺了对失去的家乡的记忆，而且丧失了对未来世界的希望。这种人与他的生活之间的分离，演员与舞台之间的分离，真正构成了荒谬感。"荒谬成了人与世界的唯一联系。人没有了希望，等待还能意味着什么？

一部关于"等待"的戏剧

《等待戈多》是侨居法国的爱尔兰裔作家萨缪尔·贝克特创作于1952年的一部著名的戏剧作品，被认为是荒诞派戏剧的重要代表作之一。

这个剧本一共有两幕。第一幕开始的时候，场景是黄昏时分的荒郊野外，一条乡间大路，一个土墩子，一棵枯树。两个流浪汉戈戈和狄狄在此相遇。他们好像是一对相依为命的兄弟，互相称呼"戈戈"和"狄狄"，但是他们从哪里来，到哪里去一概不知，唯一知道的是他们在等待戈多。他们准备在这里做什么、聊什么完全听凭随意即兴，没有道理可言。

戈戈要狄狄帮他脱靴子，狄狄却只顾摆弄自己的帽子。戈戈好不容易脱下一只靴子，伸手进去摸一摸，又往地上倒一倒，可是什么东西也没有掉出来。狄狄也同样把帽子脱下来，往里面瞧一瞧，摸一摸，又是敲帽顶，又是往里吹气，同样什么也没有发现。两个人闲得无聊，就没话找话，忽而说到要为自己的出世忏悔，忽而想到应该到死海去度蜜月，一会儿又争论起了《福音书》里救世主和贼的故事。

戈戈提议离开这里，狄狄却说："咱们不能。"因为他们要在这里"等待戈多"。他们又想到要相约一起上吊自杀。可是他们最终也没有上吊，决定还是什么也别干，等戈多来了，"完全弄清楚咱们的处境后再说"。如果戈多一直不来，他们就一直等下去。虽然谁也不知道戈多是谁，为什么要等他。

最后，来了一个小孩，告诉戈戈和狄狄："戈多先生今天不来了，明晚准来。"他们便相信明天一切就都会好起来的，他们现在需要做的唯一的事仍然是等待："等待戈多！"天气越来越冷，他们后悔没有带条绳子来上吊。最后他们说"咱们走吧"，可是却站着一动不动。

到了第二天，仍然在那个老地方，仍然是那个时辰：黄昏，奇怪的是昨天那棵枯死的树上居然长出了四五片叶子，仍然是那两个流浪汉戈戈和狄狄，他们更加焦灼地等待着，用互相谩骂来消磨时间。那个小孩又来传话："戈多先生今天不来了，明晚准来。"戈戈和狄狄试图用系裤子的绳子上吊，可是绳子一扯就断，不但没能吊成，反而掉了裤子。他们又说"咱们走吧"，可是仍然站着不动。他们还得等待戈多先生的到来，只要戈多先生来了，"咱们就得救了"。

"上帝死了"，"理性"和"科学"登场

在中世纪以前，人们相信上帝无所不在，相信上帝能够帮助和拯救人类，即使现实生活中遭受了许多痛苦和磨难，人们也可以把各种美好的理想寄托在来世，这样人的精神在充满物欲的世界中便找到一处可以栖息的港湾。但是自从启蒙运动以来，西方世界的人们开始对上帝的"万能"提出质疑，或者干脆对到底有没有上帝的存在表示怀疑。随着大哲学家尼采的一声呼喊"上帝死了"，人们开始将理性和科学当做未来世界的希望，当做拯救自己的上帝。

但是"理性"和"科学"这两个新的上帝却让人们倍感失望。现代西方社会是高度工业化的社会，是物质生产高度发达的社会。但是工业化和现代化却降低了人的价值，金钱和商业化淹没了正常的人性，物质的膨胀使人成为它的奴隶，社会组织日渐严密，大城市急剧拓展使人们变得越发孤独，彼此的距离越来越远。

特别是两次世界大战之中，自诩充满理性的各国利用先进的科学技术制造杀人武器，使千百万人倒在血泊中。理性和科学给西方社会

带来的是政治动荡、经济萧条和残酷的战争。人们呼唤正义、和平和友爱,而世界却毫不理会。战争和暴力轻而易举地摧毁了人类通过千百年的努力所创造的文明和价值,这不由得使人们重新思考自身生活的这个世界。一时间,除了焦躁、混乱、软弱无能,似乎找不到更恰当的对人无奈的自身困境的描述语了。

《等待戈多》正是以一种荒诞的艺术形式表现出了人们信仰破灭之后的尴尬处境和无助,表现了人生的荒诞和无望。

"存在主义"的英雄

存在主义哲学在 20 世纪西方文化中煊赫一时,它最引人注目的是关于人的生存的思考。而《等待戈多》这部戏剧正体现了存在主义对人生的观点。

存在主义认为人类与万物只是处于存在状态,外部世界对于人类无所谓意义可言。这种本身毫无意义的存在只有当人对其未来作出"选择"时才能产生意义,而"选择"正是人获得存在尊严的过程。

《等待戈多》中的两位主人公可以说是存在主义的英雄典范。他们面临着三种选择:放弃等待、自杀和继续等待。剧中两人都多次提到要离开,却始终逗留在舞台上。他们尝试自杀,却最终放弃。几经周折,他们最终选择了继续"等待"。而这正是存在主义所推崇的一种永不放弃的勇气,一种在绝望处境中所表现出的自由与伟大。

存在主义的另一个观点"存在是荒诞的"在本剧中也得到了充分的体现。在这部莫名其妙的戏剧中,两个主人公戈戈和狄狄都是卑微、低贱的小人物,看起来他们唱歌、演戏、讲故事,一会儿拥抱,一会儿又互相谩骂,好像活得无忧无虑,其实在他们的生活中一切都已经失去了意义,连他们说的话都贬值了,似乎无需表达任何意思或交流任何信息。

狄狄:"跟他家里的人商量一下。"戈戈:"他的朋友们。"狄狄:"他的代理人们。"戈戈:"他的通讯员们。"狄狄:"他的书。"戈戈:"他的银行存折。"

在这种情况下,语言已经丧失了传统的表达和沟通的功能,甚至连时间也变得一点意义都没有。戈戈问道:"今天是不是星期六?今天难道不可能是星期天?或者星期一?或者是星期五?"

因为失去了意义,重复成了戈戈和狄狄的生存方式,他们不停地戴帽子、脱靴子、戴帽子、脱靴子,就好像现实中的人们日复一日地重复自己或者别人的生活轨迹。没有发展,没有变化,起点就是终点,生命就是无意义的重复。什么事情也没有发生,生存变得更加痛苦,更加令人厌烦。在这种情况下,人们还能做什么呢?唯有等待。

主题不是"戈多",而是"等待"

有一位评论家这样说:"本剧的主题并非戈多,而是等待,是作为人的存在的一种本质特征的等待。在我们整个一生的漫长过程中,我们始终在等待什么。戈多则体现了我们等待的那个东西——它或许是某一件事,一个东西,一个人,或者死亡。"等待就是人们的生存内容。

首先,等待是一种缘于痛苦的痛苦。当人们深陷于混乱荒谬的境地,而又无法掌握自己的命运时,当然就只能无可奈何地苦苦等待。伴随这份等待的是无尽的孤独和难耐的无聊。

其次,等待也就是希望。戈戈和狄狄意识到自己处境的痛苦和不幸,并且为此愤愤不平,渴望戈多尽快到来。正是因为怀着这份渴望,他们才能坚持不懈地等待下去。这种希望是他们承受苦难的力量源泉和生存下去的唯一精神支柱。他们的坚持说明人类对未来总是抱有希望。

再次,等待也是抗争。尽管戈戈和狄狄等到的总是"戈多今天不来,明天准来"的结局,希望极其渺茫,但他们却不改初衷,坚持等待,实际上蕴含着一种对痛苦和荒诞现实的反抗,对痛苦和荒诞命运的抗争。

贝克特正是以他的《等待戈多》揭示出了现代人的尴尬与伟大:一方面,注定生存在这个荒诞的现代社会中;另一方面,还要在这个荒诞的社会里选择清醒而坚韧地活着。更为可贵的是,他不仅将这个时代以及身处其间的人的生存处境揭示给人们看,而且试图在如何求

得个人的解放与发展的问题上进行了思考与探索,因而他的这部戏剧作品带给人们的不是灰心与失望,而是信心与希望。

集中营里的三重感悟

> 面对着独而无望的呐喊,20世纪的奥地利心理学家弗兰克尔给出了一个坚定的回答:人活着是为了追寻生命的意义,而我们所蒙受的灾难和痛苦帮助我们发现生命的意义。

从天堂到地狱

犹太裔心理学家维克多·弗兰克于1905年出生在奥地利。他少年得志,19岁便在权威学术期刊上发表过心理学论文,25岁便获得医学博士学位并晋升为维也纳大学医学院助教。第二次世界大战爆发之前他就已经是一名颇具影响力的心理医生了。

正当弗兰克踌躇满志、大展宏图的时候,纳粹的入侵打破了他生活的宁静。他和家人包括他的新婚妻子一起被纳粹逮捕。1942年至1945年,从奥斯维辛到巴伐利亚,辗转四个集中营,弗兰克发现自己几乎丧失了一切。他失去了自己的儿子,缝在他的衣服夹层中的《医师与心灵》书稿被没收,等于又失去了灵魂的产儿。父亲因为饥饿死于波希米亚。母亲和兄弟被纳粹送进毒气室残酷地杀害。而他朝思暮想的妻子则在纳粹投降前死于集中营。唯有他因为医生身份而被认为有用才幸免于难。

灾难使弗兰克尔几乎陷入了绝望。在每天的饥饿、寒冷、拷打中,"除了可笑的赤裸裸的生命之外,没有任何东西可失去"。"我发现自己正面临着一个疑问:在这样的情形之中,生命是否是虚无而无任何意义的?"既然如此人为什么还要活着?

正是在这种极端严酷环境下的追问，弗兰克终于有所领悟。1945年4月27日被美国陆军解救后，弗兰克尔根据自己在集中营里的体验，提出了自己的生命哲学。

人是自由的

初进集中营的时候，弗兰克时刻生活在恐惧中，这种恐惧让他感到一种巨大的精神压力。作为棚屋内的医务员，日复一日，他平静地为不同人覆上白布。每当一个人病死，其他的囚徒会一个个来到余温犹存的尸体边，一个人抓起尸体床头剩余的土豆残渣，另一个决定换上尸体那双相对完好点的鞋，第三个人剥下他的外套……当生存受到威胁，任何偏离"保命"的话题都不值一提。可当一个人将所有关注仅投向生存危机时，必然又会陷入另一种精神危机——正常价值体系的崩溃、空虚，为人尊严的摒弃。

精神的空虚与情感的淡漠发展到最后，接下来的就是所有集中营囚徒既熟悉又恐惧的那一幕了。某日清晨，某个囚徒拒绝穿衣、洗漱、到操场集合，任何哀求、打击、威胁都没用。他只是躺在那儿，眼神呆滞，表情冷漠，一动不动，他拒绝去诊所，或接受任何帮助。总之，他就是意志崩溃、彻底放弃。

看过了许多类似的悲惨结局，弗兰克问自己，如果人不可避免地要受环境影响，那人的自由在哪里？人真的没有选择吗？生存以外的事物的价值就这样泯灭了吗？

然而，他也见过完全不同的另一种人，在从一个集中营转运车辆上，透过带铁丝网的车厢小窗向外望去，你难以想象紧贴着车窗的那一张张神圣宁静的面容是属于那些已放弃了生与自由希望的囚徒。他也不能忘记有人游走在棚屋内给别人带来抚慰、分出自己最后一片面包；病房里垂死的女孩望着窗外的树枝，带着微笑的沉静面容……

同样都是人，面临着一样的苦难与死亡，有的人消沉颓废下去，有的人却如同圣人一般越站越高。是什么力量化解了他们内心的冷漠，使之能够如此平静、高贵地去承载自己的命运？这种力量似乎具有一种穿透力，如同金色的光晕从体内弥散开来，甚至可以化解周围人的冷漠。

承受、目睹着这一切，弗兰克慢慢寻到了他想要的答案。是的，一个人也许无法选择环境与命运，但可以选择面对命运的态度，保持着人性的尊严以高贵的姿态去面对苦难！这种对生命的尊重与责任，独立于生理、心理的精神自由是死亡也无法剥夺的。

人是自由的。"人所拥有的任何东西都可以被剥夺，唯独人性最后的自由——也就是在任何境遇中选择自己态度和生活方式的自由——不能被剥夺……未经我允许，任何人都不能伤害我。"一个人不放弃他的这种"最后的内在自由"，以尊严的方式承受苦难，这本身就是"一项实实在在的内在成就"，它显示的不只是一种个人品质，而且是整个人性的力量与光辉。

人是寻求意义的生物

在集中营里，每天都有人被逼疯。弗兰克知道如果自己不控制好自己的精神，他也难以逃脱精神失常的厄运。

有一次，弗兰克痛苦不堪地随着长长的队伍到集中营的工地上去劳动，破鞋子中是一双长满冻疮的脚。路上，他产生一种幻觉：晚上能不能活着回来？是否能吃上晚餐？……这些幻觉让他感到厌倦和不安。于是，他强迫自己不再想那些倒霉的事，而是刻意幻想自己是在前去演讲的路上，他来到了一间宽敞明亮的教室中，面对全场凝神静气的来宾精神饱满地发表演讲，题目是"集中营心理学"。他的脸上慢慢浮现出了笑容。弗兰克发现，这是久违的笑容，许久了，它从来没有出现过。当他知道自己也会笑的时候，弗兰克就知道他不会死在集中营里，他会活着走出这个魔窟般的地方。

从那一刻起，他觉得自己深受的一切苦难与煎熬变得有意义了。纳粹集中营成了他观察和研究人性的地方。每当他遭受非人的折磨时，就想象自己正在讲坛上讲课，内容就是关于集中营里的心理学。此时，他所受的一切苦难煎熬都成为心理学的研究课题。弗兰克就是用这种办法使自己超越困苦的境地顽强地活下来，并且精神始终不垮。

不止他自己，弗兰克也看到在残忍的令人发指的集中营里，有一些人的确在这种极端非人的情况下生存下来，因为他们相信他们的现在和未来，相信等待着他们的使命都是有意义的。人生意义的力量让他们克服了令人崩溃的危机，活到解放。

弗兰克由此认为，人是一种寻求意义的生物，追寻生命的意义是一个人最基本的动机。我们就是为了这个目的才活着。无论我们处境多么悲惨，我们都有责任为生命找出一个意义来。

战后，弗兰克重新走上心理学教授的讲台，创造了一种名为"意义治疗"的心理学方法，通过助人领悟自己生命的意义，促使那些对生存失去兴趣的人们积极乐观地活下去。他曾经去看望过一个贫病交加、生活无望的老妇人，在交谈中他真诚地赞美了老妇人种的花十分美丽。没想到从此老妇人就给周围邻居送花，得到花的邻居个个都很高兴。老妇人重新对生活燃起了希望。在弗兰克的患者中有很多失业人员，长时间的失业不仅使他们生活没有着落，而且失去了继续活下去的勇气。弗兰克尔介绍他们去做社区志愿者，尽管于经济无补，但助人的工作却使他们找到了生活的意义，他们不再沮丧。

工作、爱情和苦难

那么，人们如何才能寻找到生命的意义呢？弗兰克认为，人获得意义有三条大道。

第一条：通过创造一件作品或做一项工作。获得这种生命意义不在于人从事什么工作，而在于他是如何从事这项工作的，他对工作采取了什么态度。积极的、创造性的、富责任感的工作态度赋予工作以意义。比如有人专注于码放多米诺骨牌，小心谨慎地将成千上万张骨牌码放成某种图案，不仅考验自己的体力、耐力和意志力，还有智力、想象力和创造力，不创造任何价值，仅仅为了最后推倒时的瞬间惊艳。可是这项工作却让参与者倍感生命的意义。

第二条：精神的体验，比如爱情。弗兰克自述，某个清晨，大家在看守的咆哮、枪托的驱赶和刺骨的寒风中艰难前行，旁边的囚徒突然说道："如果我们的妻子瞧见我们现在这模样……真希望她们的情形比我们好些，不知道我们所经受的这一切。"

弗兰克抬起头，微弱的星光映着粉红色的霞光正慢慢透过厚厚云层弥散开来。他仿佛听见了妻子的呼唤，看见她的微笑，那率直而鼓舞的眼神……那一刻，他觉得一个在世上一无所有的人依旧可以体验到人间至福，哪怕只是那么短短的一瞬。在对爱人的冥想中，即使在凄惨的绝境中，当一个人已无法操控环境，他依旧可以通过一种光荣的方式——以爱来充盈内心。

第三条：受苦受难。生命的意义不仅通过创造和欢乐来实现，也通过痛苦来完成。听起来奇怪，其实很有道理。痛苦是生命中无可抹杀的一部分，没有痛苦人的生命就无法完整。若人生真有意义，痛苦自应有其意义。

弗兰克说，当一个人遭到一种无法避免的情境、必须面对一个无法改变的命运时，他就等于得到了一个最后的机会，去实现最后的价值，即苦难的意义。因为坦然正视命运所带来的痛苦本身就是一种进取，而且是人所具有的最高的进取。如果人勇敢地接受苦难的挑战，则生命在最后一刻仍然具有意义。当你意识到痛苦的意义，你就会更加顽强地活下去。

这种意义能使人表现出伟大的胆识和尊严，不惧怕死亡，就像那些坚定的共产主义战士为了理想信仰，为了人的尊严，在敌人的屠刀下庄严死去。这使我们能够理解那些不屈不挠坚强地活着和不畏强暴勇敢地死去的人们。当然，这种苦难除非是绝对必须，否则它就没有意义。所以说，"苦难是美德的机会"，对于在四川汶川大地震中遭受伤痛的中国人民来说，这也许是最恰当的总结。

"我们每个人都有自己心中的集中营……我们必须去面对，带着宽容，带着耐心——如同一个真正的人，如同我们现在与将来要成为的那个人。""这是你的自由，也是你的责任。"

命运迥异的爱国者

> 无论是"爱国者"本杰明·马丁还是"生于7月4日"的郎,他们都选择了道德的行为,他们选择了用最切实的行为来表达他们深挚的爱国主义热情,却现实地面临着迥异的道德境遇。

两个"爱国者"

说起"爱国者",很容易就让人想到有"美国史诗"之称的美国大片《爱国者》。本杰明·马丁是生活在美国独立战争时期的一个热爱家庭、早已告别戎马生涯的老战士,他曾经同英国人并肩与法国人和印第安人浴血奋战过。但终于有一天,他发现残暴的英国军队开始满山遍野地长驱而来,烧毁了他的家园,在他面前枪杀了他的次子,绑走了他的长子。失子之痛蔓延心头,对战争的厌恶让他颓丧。

然而,此时映入眼帘的是飘动的星条旗,在他内心泛衍开来的是那种对民族的忠诚和对国家自由的荣誉感,于是他再次拿起了枪。在决战中,美国部队招架不住武器精良的英军,开始后退,马丁独自擎旗奋进,鼓舞了战友们,最后赢得了胜利。这个被"逼上梁山"而再涉战场的父亲,为了民族的自由与荣誉而战,流淌的鲜血换来了民族的解放。

在另外一部美国老片《生于7月4日》里,同样的爱国热情遭遇的却是完全不同的待遇。故事发生在独立战争胜利后近200年的美国。有一个叫郎的热血青年,他是同龄人中的佼佼者,用心地努力生活。他深深地爱着他的美利坚合众国,从小便树立了要为国家民族的荣誉而奋斗,甚至为之牺牲的信念。越战爆发后,带着那种深深的爱国热情,为了民族的"自由和理想",他几乎是毫不犹豫地加入了海军陆战队。在越南战场上，他表现的是那么勇猛，没有丝毫的怯懦，他要为国家民族而战。

然而无情的战火灼烬了郎热情的生命，一年后他拖着伤痕累累的身躯回到家乡，再也无法使用他年轻的双脚。令他没有想到的是，此时的家乡却是另外的一个世界，美国民众都在重新审视越南战争并且怀疑这场战争是否有意义，到处都充满了反越战的示威和游行，甚至郎的弟弟也在其中。郎的内心是如此焦灼，在他心中无比高尚、他为之付出了巨大牺牲的信念与热忱却被整个社会所斥责，郎那颗为国家民族而战的崇高的爱国心灵，就是这样在历史的"玩笑"中无情地被鞭挞着……

爱国主义的道德悖论

从个人与国家民族之间的道德情感上看，我们说本杰明·马丁和郎都对民族的荣誉与自由具有一种崇高的道德忠诚，而这种对民族的忠诚凝聚在爱国主义的情感之中，即为了国家民族的自由与荣誉，一往无前地为之奋争不息，甚至牺牲个人以及家庭的幸福。从个人的道德选择上来看，他们都是值得赞颂的。

但是，郎的爱国主义英雄行为为什么不仅没有得到人们的赞颂，反而受到当时的反战群众的斥责与孤立呢？同样的道德情感，迥然的道德境遇，哲学家们将这称为爱国主义的道德悖论，认为其根源在于社会群体（国家、民族、阶级等）自私的道德本性。

本杰明·马丁为民族自由解放而战的热情和当时美国民族的抗英战争的追求在正义的道德评价上是一致的，所以本杰明·马丁在战争中获得了个人的道德提升；然而，郎为之战斗的民族荣誉和理想在美国对越战争中却是一种虚幻的正义，无私的爱国主义热情在美国对越南的不正义战争中转化成了民族的利己主义。当时的美国正是利用了这种崇高的爱国主义道德情感对群体成员个人精神灵魂的绝对效力，将这种对民族荣誉最深挚的"爱国主义"道德情感钉在了历史耻辱的十字架上。

道德的人与不道德的社会

一个人要成为道德的人,前提就是他具有道德选择的自由,他能够选择去成为一个道德的人,去做让他成为道德的人的事情。无论是《爱国者》中的本杰明·马丁还是《生于7月4日》中的郎,他们都选择了道德的行为,选择了用最切实的行为来表达他们深挚的爱国主义热情,但却现实地面临着迥异的道德境遇。这种"爱国主义"道德悖论并不是一种历史的偶然,而是由于个人与社会群体有不同的道德本性造成的。

有哲学家认为,社会群体的道德低于个人的道德。单个的人具有利他的道德本性,可以成为道德的人,而社会群体的道德本性上却是自私的,缺少利他的维度。

和动物一样,我们每个人都有保存自己、生存下去的本能冲动,我们都要按照自己独特的方式来实现自己。但是,人作为一个具有自我意识的存在物,却又是区别于一般动物的,因为我们本性中都有对他人的同情心,就像孟子所说,当看到一个小孩不小心要掉下井,我们就会产生一种"恻隐之心"。在面临问题的时候,人们虽然会甚至首先会考虑到自身的利益,但是人同时也能够换位思考,感同身受地去考虑到他人的利益以及难处,甚至有的时候可以把他人的利益放在自己的利益之上。

但是一个社会群体就不是这样了。虽然说社会群体是由人组成的,个人的道德本能却不能无条件地直接延伸到社会群体的道德行为中。因为社会群体是由不同的个体组成的,每个人都有自己个人的利益。当面对个人问题时,我们可以作出牺牲自己的利益的道德选择,然而,当面临一个群体的问题时,我们没有办法作出牺牲群体利益的利他行为,因为这会涉及群体里其他人的利益。即使我们个人考虑到了群体中他人的利益,牺牲了自己的利益,你也只是增强了这个群体谋求私利的能力而已,对这个群体而言还是利己的。所以说,一个群体不可能像个体那样具有无私的利他道德。

个人的道德行为一旦表现在社会群体的行为上就会成为一种群体

不道德行为，这也就是道德的悖论。《生于7月4日》中郎的道德悲剧就根源于此。

基于这种道德悖论，哲学家们明确地表示，"用扩大个人的同情心来解决人类较大范围内的社会问题是没有希望的"，这对于我们认识和分析当前的国际冲突、民族矛盾等也是很有意义的。

诱拐王后的牧羊人

> 假如有一天你捡到一枚超自然的宝贝，你会滥用宝贝吗？你会由于宝贝的魔力和神奇而堕落变成邪恶吗？从善还是从恶，怎么选择？

你是一个善良的人吗？也许你会干脆地回答是。如果你拥有了随心所欲做事的能力，你还有把握这样说吗？古希腊哲学家柏拉图在其著作《理想国》中讲过一个故事，也许能够替你作出回答。

牧羊人古阿斯是一个懦弱又善良的小伙子。他最喜欢做的事情就是照顾他的羊群，为自己的国王服务，从来没有伤害过任何人。有那么一天，大地忽然剧烈震动，地下传来隆隆巨响，古阿斯在惊恐中跌倒。尘埃落定之后，古阿斯面前出现了一条巨大的沟壑，他的一只羊落入其中。古阿斯战战兢兢地爬下沟底，却看见了一条地下通道。为了找回那只羊，古阿斯摸索着走了进去，结果发现了一个死去的巨人。

古阿斯觉得，如果找不到羊，至少也得让别人相信这里发生的事情，于是就取下巨人的戒指爬回地面。刚刚上来，大地再次颤抖起来，沟壑合拢了。古阿斯很郁闷没能把羊找回来，因为每个月固定的日子来临的时候，他都要向国王报告羊群的情况，现在羊丢了一只，他怎么交代呢？

在喧闹的酒馆里，古阿斯烦躁地玩弄那只戒指，拧上面的宝石，他忽然发现酒馆里的人好像都看不见他了。他们开始谈论古阿斯的趣事，就好像他已经离开了似的，他冲他们挥手也没人理睬。古阿斯突然醒悟，这戒指让他隐身了。

受到这隐身能力的鼓舞，当初一进王宫就诚惶诚恐的牧羊人现在充满了自信。他跑到国王的厨房里大吃了一顿，又将国库里的珠宝珍玩洗劫一空。最后，胆子越来越大的他甚至溜进寝宫去勾引王后。王后对他也曲意逢迎。两人甚至还阴谋要颠覆国王。对那些穷苦的百姓来说，国王其实是一个非常正直的人。可是靠着那枚隐身戒指，古阿斯终于犯下了最后的罪行——谋杀国王，从而赢得了最高的奖赏和荣耀——王冠。

隐身戒指并不存在，这其实只是柏拉图的一次思想实验。可是如果它真的存在，得到它的人们是会继续努力工作、诚实待人，还是会像古阿斯一样做出这种可耻的事情来呢？

柏拉图认为，当一个人做任何事别人都无法看到他时，也无从得知是他做的时，他不仅逃脱了法律的制衡，也逃脱了舆论的约束。这样一个随心所欲的人，必然会变得邪恶起来。

假定有两只这样的戒指，正义的人和邪恶的人各戴一只，在这种情况下他们能在市场里想要什么就随便拿什么，能随意穿门越户、能随意调戏妇女、能随意杀人劫狱，那么即使那个原本正义的人也无法克制住不拿别人的财物，继续做正义的事，他会变得和那个坏人一模一样。

柏拉图由此提出了一个著名论断：这个世界上没有真正正义的人。那些做正义事的人并不是出于心甘情愿，而仅仅是因为没有本事作恶。人都是在法律的强迫之下才走上正义之路的。任何一个人，如果拥有随心所欲做事的权力，他必将走上邪恶之路。

柏拉图的这个故事寓意十分深刻，令人反省什么是善什么是恶，什么是道德的以及什么是非道德的等一系列问题。道德的界限何在？假如有一天读者您也捡到一枚超自然的宝贝，您会滥用宝贝吗？您会由于宝贝的魔力和神奇而堕落，变成邪恶的人吗？从善还是从恶，何去何从，怎么选择？

一个流氓的"洗脑"故事

> 只能行善,或者只能行恶的人,就成了发条橙子——也就是说,他的外表是有机物,实际上仅仅是发条玩具,由着上帝、魔鬼或无所不能的国家来摆弄,彻底的善与彻底的恶一样没有人性,重要的是道德选择权。

一次治理犯罪的实验

亚历克斯是一个刚刚年满15岁的小流氓。这个崇尚暴力的家伙深爱古典音乐,尤其是贝多芬的音乐。他通过美妙的音乐来激发暴力和欲望的冲动,产生施虐与自慰的快感,释放自我。他与另外三位"弟兄"组成了一个横行街头、无恶不作的小帮派,干了一系列令人发指的暴行:戴上面具冲进一家店铺,将店主夫妇打倒在地,将其钱财洗劫一空;无缘无故地殴打一名醉汉;与别的流氓帮派械斗;用万能钥匙偷车,疯狂飙车,撞人碾人;驱车乡间,闯入民宅,对主人拳脚相加,还当面强暴其妻子,然后扬长而去。

终于,这个恶棍因为杀人被送进了监狱。这时,报纸正巧宣传一种叫做"路德维克疗法"的新式治理犯罪的手段,而监狱又需要腾出空间关押政治犯,亚历克斯便成了政府采用"路德维克疗法"改造罪犯的第一个实验品。

在新建的治疗中心里,亚历克斯的头和四肢被牢牢地固定,眼皮被支开无法闭上。然后,他便被迫以这种姿势每天连续看数小时的暴力影片,并配上他所喜欢的古典音乐,同时还给他服用或注射让他恶心的药物,致使他头疼恶心,周身不适。

据医生解释,路德维克疗法采用联想法,使犯人将影片中的暴力与观看时身体产生的不适联系起来，使犯人的身体对暴力行为产生反射式的反感，从而达到不愿再从事暴力行为的目的。果然，治疗之后的亚历克斯一旦在大脑中出现细微的暴力意图，身体就会产生猛烈的疼痛感及呕吐感，从而迫使他宁愿挨打也不愿从事暴力行为。亚历克斯被看做是成功改造的典范，因而重获自由。

出狱后的亚历克斯看见别人的流氓行为差一点作呕；刚想对住在自己房间的房客大骂"杂种"，马上就难以遏制地恶心；看到有关伤病的图画和照片，恶心；看到《圣经》中咒骂和斗殴的情节，恶心；对过去恶行的回忆也会感到恶心；连做梦施暴也同样感到恶心；最后他想结束自己的生命，但一想到自己捅刀子，红血流出来，就越发恶心得要命。暴力原先可以给予亚历克斯无尽的快乐与愉悦，现在却让他感到难以容忍的恶心和头痛；曾让他激情迸发的古典音乐一经入耳，便折磨着他的神经，制造出难以形容的痛苦。

亚历克斯再也无法适应一个充斥着恶行与暴力的社会。他被父母赶出家门，失去了为人子的应有地位。在图书馆，曾遭受毒打的老头认出了他，伙同别人对他实施了残忍的报复，而其他人也认为他这种人应该被消灭掉，就像消灭讨厌的害虫一样。最后，在舆论的压力下，医院不得不再次对亚历克斯进行治疗，使他的身体不再对暴力行为产生反感，重新把他变成一个恶棍，使其继续活下去。

善恶的两个极端

这个奇异的洗脑事件是英国作家伯吉斯的小说《发条橙子》的主要情节。作者用反乌托邦的形式表现了一个有关人类社会的自由难题，即：意志的极端自由将会给社会带来无尽的暴力灾难，而极权社会对人的无情控制又将导致人的自由的全面丧失。彻底的恶是自由意志无情放纵的结果，在极权控制之下的彻底的善又意味着自由意志的沦丧。

当亚历克斯作为一个意志清醒的人时，他以施暴为乐，在攻击、抢劫、破坏、强奸、杀人中，暴力欲望得到了快意的满足。一般来说，理智清醒的人是不会有这种精神变态般的施暴快感的，但小说中没有任何迹象表明亚历克斯是不理智的,他非常自觉地选择了自己的纵欲行乐。他的选择是极其自由的,但又是破坏性的、毁灭性的,而且对社会造成了巨大的危害。极端的自由走向了彻底的恶。

当亚历克斯成为政府改造罪犯的实验品时,他的自由意志却走向了另一个极端,在技术社会的控制与高压下一败涂地,被随意改造。经过洗脑,亚历克斯的个性完全泯灭,个人的自由在国家机器的干涉下完全丧失,成了一个合格产品,再也不能干坏事了。可是他这种彻底的善却必须付出自由意志沦丧的代价。

自由与善都是人类所要追求的目标,可是人们却常常很难把握二者的界限,经常走向两个极端。小说家所要揭示的正是人类处于意志绝对自由与意志完全丧失之后的两种可能情况,这也是人类常常陷入的困境——自由的困境。

善是选择出来的

华东师范大学的潘书琴说:从政府惩治犯人的初衷来说,"路德维克疗法"的确使亚历克斯这样的昔日暴徒无法再施恶,一心向"善",可是,亚历克斯的反应是真正意义上的"善"吗?那只不过是人在无自我意志的条件下的一种机械反应,而非基于道德选择的自愿行为。在当局决定采用这种新技术的疗法时,监狱的教诲师发出疑问:"问题是这种新技术是否真能使人向善。善是发自内心的……善是选择出来的,当人不会选择的时候,他就不再是人。"亚历克斯出狱后的种种遭遇不正应验教诲师的话了吗?他根本就没有什么选择的能力了,只是对各种恶行做出机械的恶心反应,完全失去了人之为人的自由意志,没有选择的能力。

伯吉斯在小说中指出:"人在定义中就被赋予了自由意志,因此他可以使用自由意志来选择善恶。只能行善或者只能行恶的人,就成了发条橙子——也就是说,他的外表是有机物,似乎具有可爱的色彩和汁水,实际上仅仅是发条玩具,由着上帝、魔鬼或无所不能的国家(它日益取代了前两者)来摆弄,彻底的善与彻底的恶一样没有人性,重要的是道德选择权。"

伯吉斯的"道德选择权"实际上道出了关于人的自由意志即自由的问题：肆意放纵人的自由意志将会带来极端的恶，必将带来自由的丧失；而毫无道德选择权的行善，无非是机械地遵循或承受着某种拥有极端权力的载体的摆弄而已，毫无自由可言。那究竟该怎样来理解自由呢？真正的自由能实现吗？——这正是《发条橙子》这部小说给人带来的追问。

让印第安人过自己的生活

> 干涉别人的风俗习惯是不对的，太过分的风俗习惯又让人看不下去，那么究竟什么才是我们的道德标准呢？孔子说过的一句话完全可以解决这个难题："己所不欲，勿施于人。"

"野蛮"的印第安人

当欧洲殖民者刚刚踏上美洲大地的时候，他们对这里的印第安人的风俗习惯大为惊讶。

那时候的北美印第安人比欧洲人开放得多，可以大大方方地袒露身体，只用少量的兽皮和羽毛装扮自己。在男女关系上也很坦诚，两个年轻人觉得好就可以在一起，甚至无所谓结婚。一夫多妻制很盛行，男人只要负担得起，女方也愿意，多几个老婆谁也管不着。

在许多部落中，女性也有很大的自由选择伴侣，如果不喜欢了随时可以离开。比如在新墨西哥州的祖尼部落中，一位妇女只要把属于她丈夫的东西收拾到一起扔到门外去，就可以简单地与她的丈夫离婚。

墨西哥阿兹特克人中还盛行同性恋行为。中美洲三分之二的印第安部落都认为青少年的同性恋是合乎道德的，是可取的。在北美的一些印第安人部落中，这种活动甚至是有组织地公开进行的。

当时的欧洲人总是把男女之事与罪恶联系在一起，在他们眼里，印第安人这种随随便便的男女交往，以及"一夫多妻"的婚姻简直是野蛮的行径，必须加以改造。而印第安人的同性恋更是让天主教规长期熏陶下的西班牙殖民者大为愤怒。1513 年在巴拿马的西班牙殖民者曾把 40 名同性恋的印第安人喂狗。1520 年后，西班牙驻南美洲的采金监督官不但处死同性恋的印第安人，而且"用大锤砸烂他们的头颅，并亲手把他们撕碎"。

从 16 世纪中期开始，认为自己在伦理道德上比较优越的欧洲殖民者们开始对印第安人进行有计划有组织的全面种族灭绝，他们的一个十分重要的"理由"和"依据"，就是印第安人的风俗习惯表明他们是无理性的野兽。

合乎习俗就是道德

欧洲殖民者显然非常霸道，仅仅因为印第安人的行为不符合他们的道德规范就说人家野蛮，并且以此为理由强迫人家改变，甚至屠杀别人。那么印第安人到底算不算不道德呢？那要看我们道德的标准是什么。

其实，印第安人的做法无可厚非，因为这是他们的风俗。古往今来人类的一切伦理道德不都是从人们的风俗习惯中总结出来的吗？古希腊的史学家希罗多德就曾经说过"习俗为王"，也就是说只要符合了当时当地的习俗，就是合乎伦理道德的。

印第安人的男女关系虽然看起来不严谨，却也有它的好处。当耶稣会传教士向一个印第安人解释一夫一妻制的好处时，印第安人回答："你们法国人只爱自己的孩子，而我们爱我们部落的所有孩子"。因为没有一个人可以"占有"另一个人的性，所以在欧洲人到达此地之前没有妓女存在，强奸事件也微乎其微。即使是在殖民时期的印第安战争中，美国土著男性也没有对被俘的白人女性进行过性侵犯。

所以说，让印第安人按照自己的风俗习惯过自己的生活才是合乎道德的。

在我们今天看来，别人国家的事情，他们本民族的人自然会处理好，自以为是地指手画脚才是招人讨厌的。你不应该指责阿拉伯国家至今仍然实行一夫多妻制，女性整天戴着面纱，不能读书；也不应该嘲笑日本人的澡堂子不分男女；在我国西藏的看到把死人剁碎了喂鹰"天葬"，更应该尊重。

伦理学的"黄金法则"

合乎风俗的就是道德的。这句话听起来的确是么么回事，可是如果一切都按照这个原则去做，很多时候还是会碰到一些难以处理的问题。

比如说，我们在地球的某一个角落，偏偏就遇到了那么一个强悍的部落，他们宣称的一系列风俗让你很难睁一只眼，闭一只眼，你该怎么办？

他们说：使用各种富于想象力的残忍方式折磨和杀害其他人是我们的根本权利。

他们宣布，拥有奴隶是我们不可剥夺的权利，同时他们还主张有些人只适合做奴隶。

他们宣布，无论出于什么理由，都可以杀死自己生的婴儿。

他们认定，杀死部落中的老弱成员，并且吃掉他们是完全合乎情理的。

其实这些风俗在地区的其他地方也都曾经存在过。自以为文明的欧洲人，在中世纪就非常热衷于发明各种酷刑迫使异端忏悔，然后再把他非常痛苦地弄死。蓄养奴隶更是家常便饭，大哲学家亚里斯多德和柏拉图都曾经为奴隶辩护，近代从非洲到美洲的黑奴贸易更是堪称历史上规模最大的人口迁徙。杀婴和吃人也都在各个民族的不同时期出现过。

这些风俗也是道德的吗？我们也应该尊重吗？在现代文明社会恐怕没有谁会赞同，所以大部分都已经被废除了。谁要冒天下之大不韪，以"风俗习惯"为借口做这种事情，势必成为全世界的公敌。

干涉别人的风俗习惯是不对的，太过分的风俗习惯又让人看不下去，那么究竟什么才是我们的道德标准呢？伦理学家们发现两千多年前中国的孔子说过的一句话完全可以解决这个难题："己所不欲，勿施于人。"自己不喜欢的，就别施加到别人身上。

在这个标准之下，那些自以为是要改造印第安人的欧洲殖民者显然是不道德的。他们的做法其实是"己所欲，施于人"，自己觉得对的，就强迫别人接受。而那些把酷刑、奴役、杀人、吃人当成风俗习惯的人也是不道德的，他们自己显然是不想受那份罪，却施加到别人头上。

伦理学家们把孔子的这条名言誉为"黄金法则"，并且以下五个方面基本达成了共识，形成了今日的文明底线：禁止酷刑；不虐待囚犯、战俘；不以平民为武装袭击的目标；不征募童兵；不食人肉。在这五条底线之上，我们还是应该尊重每个民族的风俗，这就是道德。

达尔文惹下的大祸

> 既然物种之间是彼此竞争、优胜劣汰的，那么人种之间、民族之间是不是也有优劣之分，劣等的就应该被淘汰呢？

1836年一个明媚的下午，英国海军战舰"小猎犬号"静静地停泊在南太平洋的一个郁郁葱葱的海岛附近。一个名叫达尔文的古怪年轻人正在岛上兴致勃勃地观察海龟和山雀。陪着他东跑西颠的水手们绝不会想到，15年之后，这位年轻人写的一本书——《物种起源》，彻底剥夺了上帝创造万物的"权力"，从而成为西方思想史上继牛顿之后将上帝驱逐出自然界的第二位杰出人物，他在这本书中提出的"物竞天择，适者生存"，如今也为全世界的人们所熟知。

但是当我们怀着崇敬的心情，审视达尔文之后的历史时，却发现掀起了科学革命的达尔文，也同时惹下了一连串他绝不愿意看到灾难。

无情的"进化"

《物种起源》出版之后,一位英国的哲学家和社会学家斯宾塞,立即把达尔文的进化论引入到社会学中,提出了"社会达尔文主义"。

斯宾塞认为人类社会的变化过程有如生物的进化过程,生物进化的规律也就是社会历史的永恒的自然规律。

在人类社会,不论是个人还是民族,也同动植物一样,生存竞争是一种进步力量,自然选择将淘汰社会中那些贫穷的、无能的、鲁钝的、染病的和无业者,只有最健康、最强壮的社会成员才有机会成熟长大并繁衍后代。任何帮助社会最弱者的努力,从长远来讲都只能使个人变得更坏。任何向穷人提供住房、教育、失业救济的行为都只能进一步刺激他们的生育,从而损害社会。

人类的历史就是"生存斗争"、"适者生存"的历史,资本主义社会的国际、国内剥削和压迫是生物学规律作用的结果,是合乎自然的。这种观点获得了美国工业大富豪们的狂热支持。他们相信,巨额的财富证明自己是最适合生存的,坚决拥护你死我活的竞争和"胜者为王,败者为寇"的世界观。

于是,社会达尔文主义成为西方列强奴役人民的"思想武器",把资本主义的血腥剥削和霸权主义美化成了自然法则。正是以社会达尔文主义作为"理论依据",早期的资本主义才得以"理直气壮"地在各国内部对广大民众施行压榨和掠夺,并进而在全球范围内对其他国家和民族发动殖民战争,实行殖民统治,进行殖民掠夺,以实现其原始的资本积累。

即使到了今天,我们的社会里也能偶尔听到这种噪音,比如说有人要求限制所谓低素质人口进入城市;还有人认为人穷是因为自己懒惰;没钱就不要上大学等等。这些表面看似各不相同的决策主张,潜藏着惊人的一致性,那就是:如果你在经济上足够强壮,你就能在这社会上获得生存和发展的通行证,反之则不能。

消灭劣等种族

既然物种之间是彼此竞争,优胜劣汰的,那么人种之间,民族之间是不是也有优劣之分，劣等的就应该被淘汰呢？社会达尔文主义顺理成章地给出了肯定地回答。

在这一点上，达尔文本人也要负一定的责任，他一向赞同当时居主导地位的所谓"低等种族"是"活化石"，是随着文明的进步注定要消亡的历史遗迹的观点。达尔文曾经写道，开化民族和野蛮民族之间的斗争、野蛮种族的灭绝，犹如南美洲的土生原始马被西班牙马取代一样。

秉承这种观点，社会达尔文主义直接为欧洲中心主义、帝国主义理论服务。"低等种族的灭绝"的谬论曾被欧洲人当成重大的科学发现，列入当时极为时髦的"科学讨论"题目。1864年，在伦敦人类学协会召开的专题会议上，有学者公开声称，在生存斗争中占据有利地位的种族的存在，不可避免地意味着在精神上不那么发达的各个民族的灭绝。

19世纪末开始，欧美的所有大学都开始设立种族人类学和种族优生学学科。对精神病人强迫绝育的措施1907年从美国印第安纳州首先开始实施，继而扩展到其他州，有10万人被强制绝育。最积极的是弗吉尼亚，绝育了7 450人。20世纪20年代瑞士、瑞典、挪威、丹麦等国纷纷效法。最凶猛的是纳粹德国，从1934年通过法律到"二战"之前，短短几年，绝育了40万人。

1899年，美国科学家邓肯·麦金发表主张"安乐死"的文章，但他并不像如今主张安乐死的派别是为了解除绝症病人的痛苦，而是强调把它作为"人为选择居民"的手段，以便"重新培育人类种族"。不仅如此，在社会达尔文主义的狂热中，还出现了鼓吹以战争手段达到自然淘汰"低等种族"目的的蛊惑家。

纳粹德国是社会达尔文主义的忠实实践者。1933年希特勒上台不久就颁布强迫绝育的法律，1934年在莱茵地区对第一次世界大战后法国占领该地区时黑人士兵同德国妇女生的黑白混血儿实施强迫绝育，1935年颁布臭名昭著的纽伦堡种族纯洁法，直至对精神病人和残疾者实施所谓的"安乐死"。且不提希特勒后来对犹太人和斯拉夫人的大屠杀，仅从这番源流的梳理中，谁能否认19世纪的社会达尔文主义为纳粹的暴行准备了理论条件呢？

近年来克隆技术和转基因技术蓬勃发展,很多人忧心忡忡的是,如果将这种技术用于人类,则将是又一次的优生学的滥用,因为这无异于对人类的育种。

瓜分世界的狂潮

19世纪的最后30年,西方主要资本主义国家开始疯狂瓜分世界殖民地。在非洲,1883年英国占领了埃及,法国则强迫突尼斯接受自己的保护,1885年,比利时攫取了刚果;在亚洲,英国和俄国在伊朗、阿富汗展开了激烈的争夺,1886年英国吞并缅甸,1884年越南沦为法国的殖民地,日本也先后将琉球和朝鲜纳入自己的控制之下,1897年以后德、法、俄、英等国更是纷纷开始在中国各地租借土地,公然瓜分中国;在拉丁美洲,1902年美国利用美西战争的胜利和古巴人民的反西班牙起义使古巴成为受其控制的"独立国家",1903年美国取得了巴拿马运河的开凿权,并取得了"独立的"巴拿马共和国的控制权……

帝国主义发疯一样地大肆瓜分世界恰好发生在达尔文发表生物进化论之后,这并非偶然的巧合,事实上,在这件事情上达尔文也意外地做了帝国主义的帮凶。社会达尔文主义者认为国家本身就像一种活体受到自然法则的支配,经历着生长、发展和衰亡的过程,而且会有领土的"饥饿感",必须为生存而斗争。只有最适合的国家才能生存,不适应的国家将被征服,或者淘汰。所以"强者"可以欺凌和压榨"弱者";"优秀民族"可以掠夺、统治乃至任意宰割"劣等民族"。

在这种社会达尔文主义的作用下,后起的资本主义列强为了重新瓜分世界,最终爆发了第一次世界大战。贪婪的种子终于结下了恶果,战争没有赢家,即使是战胜者获得的战争赔款也无法于弥补战争的损失。在殖民侵略中尝到甜头的资本主义各国第一次吃尽了战争的苦头。仅仅过了21年,第一次世界大战的伤口还没有完全愈合的时候,第二次世界大战再次爆发。几千万生命换来的教训转眼就从记忆中消失。

从根本上说,现代战争就是社会达尔文主义制造虚假威胁的必然结果。"二战"后的军备竞赛仍在继续,直到现在社会达尔文主义仍在世界和平中制造着恶劣的影响。美国近年来的所谓反恐战争即在这样的思想下进行着。

人类不是野兽

社会达尔文主义作为一种理论，当然有其自身的学术价值。它指出人类社会之间存在着相互竞争，强调人类社会不进则退，也有其真理性的一面。但是，真理向前多跨出了一步，就会变成谬误。

社会达尔文主义将自然界的生存竞争规律生搬硬套到人类社会的研究中来，甚至公开主张国家之间、民族之间以及人与人之间的"弱肉强食，优胜劣汰"，公然将以强凌弱的强权主义宣称为"社会伦理"，是完全错误的。他们有意淡忘或刻意否定的一个最基本的事实是：人类社会，除了有优劣、强弱之分外，还有同情，还有怜悯，还有爱。这种闪耀着人性光辉的伦理和感情，让人类区别于自然界所有其他生物，也决定了人类的社会有着完全无法套用自然界丛林法则的地方。

社会达尔文主义所推崇的"弱肉强食"现象，是把人类兽性化，最终导致理性必然遭到泯灭，其智慧也必然被引向争斗、杀伐、阴谋、贪婪的歧途。而且，人类的智慧一旦与兽性结合，必定更加阴险、狡诈、残忍、恶毒，比野兽更甚十倍、百倍！其结果只能是人类社会向野蛮社会的倒退，而不是真正的进步。

科学屠夫

> 科学家被誉为高尚的人，为了人类文明的进步而不懈工作。然而你想象不到，那些穿白大褂的家伙，打着科学的旗号做了多少残忍的事情。

残忍的科学家

科学家被誉为是一个高尚的职业，为了人类文明的进步而不懈工作。然而你想象不到，那些穿白大褂的家伙，打着科学的旗号做了多少残忍的事情。

20世纪40年代开始，美国食品与药物管理局的工作人员利用兔子的眼睛，测试化妆产品的刺激度。因为它们没有泪水，测试物质不会冲掉。这些兔子被绑起来，下眼睑被拉开，滴入测试物质，然后眼睛立刻被强迫紧闭，好让测试物质的刺激性达到最强。许多兔子因为痛苦挣扎、折断了脖子而当场丧命，侥幸活下来的兔子则要承受眼睛刺痛、溃烂、出血甚至失明等痛苦。它们得不到任何治疗，在实验结束后，所有的兔子都会被杀死。

80年代，美国空军为了评估军人在核生化战争中的战斗能力，进行过这样的动物实验：把受过训练、懂得如何操纵的猴子，捆在模拟飞行的平衡台上，然后给他们施加越来越致命的辐射线照射或化学药剂，以实验它们能在平衡台上"飞行"多久。猴子会呕吐或晕眩，出现严重运动失调，衰弱和动作震颤，直到渐渐失去操控能力，最后死去。

在猫的大脑里植入电极，检验它对电信号的反应；用铁锤打狗的脚，以观察其所导致的心理压迫；修改老鼠的DNA，使其皮肤布满褶皱，用来做反老化的化妆品实验……科学家们兴致勃勃、花样百出地折磨着动物。

仅在美国，一年就有163多万只动物被用于实验。这种残忍的虐杀甚至出现在高中生的生物课堂上，课本那么轻易地就说"取一只活青蛙"或者活鱼、活鸟，"剖开它的体腔"、"看看它的内部构造"……每个学生都应该用刀子把一只活青蛙或者小兔子，生生地剖开，看看它怎么出血，怎么颤抖，怎么痛楚万状地死去。

狂妄自大的人类

人类为什么会认为自己有任意切割、残害生命的权力呢？这其实是一个有关人类如何看待世界的哲学问题。

在原始社会，人类认为万物有灵，而自己只是其中的普通一员，如果任意而为，就会遭到神灵的惩罚。他们甚至把动物看作自己的亲族和祖先，崇拜有加。偶然伤害了动物，或者猎取肉食的时候，还得毕恭毕敬地做一番仪式。像我们现在这样残害生灵的恶行自然不会出现。

可是当人类走出蒙昧时代之后，人开始把自己放到了自然界的老大位置上，举起了"人类中心主义"的大旗。古希腊的哲学家亚里士多德说："植物为着动物存在，动物又为着人类而存在——家畜类为着人的役用和食用。"

基督教进一步强化了这种狂妄自大的论断。《圣经·创世纪》宣称，在上帝所创造的所有存在物中，他最喜欢人类；地球上的所有动物都是用来受你们驱使、为你们服务的。既然上帝给予了人类统治和无节制地掠夺大自然的权利，那还有什么可说的，可劲儿造吧。

不过在基督教徒面前，动物虽然比人低一级，但毕竟也是上帝创造的，看在上帝的面子上，人类也不能太糟践人家。到了近代，宗教神学的光芒渐渐褪色，在倡导理性的哲学家面前，动物们才彻底坠入无底的深渊。

大谈道德的哲学家康德认为，只有人才拥有理性，动物不是理性存在物，所以没有资格获得道德关怀，只配被当作工具使用。在另一个哲学家笛卡儿看来，动物是无感觉无理性的机器，它们像时钟那样运动，感觉不到痛苦，所以，你完全可以在实验室里放开手脚，把那些动物像机器零件一样拆散一地。

其实也并不是所有的人都丝毫不把动物的痛苦当一回事，不过他们之所以反对虐待动物，仍然是从人的立场出发的。古巴比伦人禁止过度使用牲畜，与其说是关心动物的健康，不如说是为了维护它们的工作能力；罗马人处罚任意宰杀一牲畜，也是因为农业上的利用价值受到损害；《圣经》里也有一些反对残虐动物的宽松禁令，但神学家们认为，这不过是因为：一个人若对动物有怜悯之情，他会更加对人类有怜悯心。

到了现代，很多人都开始提倡动物保护，保护的理由却仍然是那些动物对人类有益，要不就是破坏了生态平衡，对人类生存不利。常常可以听某些生物学家惋惜地告诉听众，某某动物灭绝了之后，才发现这种动物原来可以用来提取药剂。这种动物保护与那些拿动物做实验的科学屠夫没什么区别。

与人类死活无关

终于有人对狂妄的人类中心主义，和假惺惺的动物保护忍无可忍了。20世纪70年代，一个名叫彼德·辛格的伦理学家掀起了一场遍及全球的动物解放运动。

彼德·辛格认为，我们的伦理责任就在于使世界上总体的痛苦能少则少。如果一种生物具有感受痛苦的能力，就没有理由拒绝关心它的苦乐。如果我们对堕胎、溺杀婴儿、虐待残障人士的行径无法容忍的话，那么以同样的方式来对待动物也是不道德的。痛苦就是痛苦，无论它发生在哪个物种都是应当避免的。

所以，真正的动物保护只能是为保护而保护，它与人类死活完全无关，亦非对自然的恩赐，而是人类身为自然之子对于自然母亲和万物同胞的与生俱来的道德责任与自然义务！

在辛格看来人与动物是平等的。将动物排除在道德考虑之外的行为，正如早年将黑人与妇女拒之门外一样，是一种类似于种族歧视和性别歧视的物种歧视。既然解放被压迫者是一种社会的进步，那么动物的解放也同样是社会进步的一种表现。归根结底，动物解放运动也是人的解放的一部分。

科幻影片《人猿星球》比较直观地透露出了这个论断。在一个遥远的未来，有一个行星上，拥有智能的居然是猩猩，而人类只是猩猩们所饲养的工具、奴隶，人与动物的地位被倒置。一个搭乘宇宙飞船紧急迫降的人类，试图向猩猩们证明，人类是有智能的。最后，他让人类和猩猩和平共处。导演强调的是，人与猿是平等的两类生命体，他们彼此没有相对于对方的特权存在，人不能统治动物，动物也不能统治人。

与当年挑战种族歧视、性别歧视一样，彼得·辛格遭到了很多人的嘲笑，被指为不可理喻的疯子，但是他也在全世界唤醒了上千万的有心人士去注意人类对动物丧尽天良的虐待。在动物解放运动的影响下，很多国家都颁布了禁止虐待动物的法律，美国大多数医学院已拒绝用狗来做实验。我国也颁布了《实验动物管理条例》，要求实验人员避免给动物造成不必要的不安、痛苦和伤害；实验后采取最少痛苦的方法处置动物。不过，要想实现人与动物的平等，人们要付出的恐怕比消除种族歧视和性别歧视多得多。

图书在版编目(CIP)数据

偷窥心理学家的书桌/笑阳著.
—北京:中央编译出版社,2011.4
ISBN 978-7-5117-0841-0

Ⅰ.①偷…
Ⅱ.①笑…
Ⅲ.①心理学-通俗读物
Ⅳ.①B84-49

中国版本图书馆 CIP 数据核字(2011)第 060512 号

偷窥心理学家的书桌

出 版 人	和 龑
责任编辑	李小燕
责任印制	尹 珺
出版发行	中央编译出版社
地 址	北京西单西斜街 36 号(100032)
电 话	(010)66509360(总编室) (010)66509350(编辑室)
	(010)66509364(发行部) (010)66509618(读者服务部)
	(010)66161011(团购部) (010)66130345(网络销售)
网 址	www.cctpbook.com
经 销	全国新华书店
印 刷	北京中印联印务有限公司
开 本	787 毫米×960 毫米 1/16
字 数	215 千字
印 张	15.25
版 次	2011 年 5 月第 1 版第 1 次印刷
定 价	30.00 元

本社常年法律顾问:北京大成律师事务所首席顾问律师 鲁哈达
凡有印装质量问题,本社负责调换,电话:(010)66509618